柠栀——著

你不努力，没人能给你想要的生活

北方妇女儿童出版社
·长春·

图书在版编目（CIP）数据

你不努力，没人能给你想要的生活 / 柠栀著. -- 长春：北方妇女儿童出版社，2019. 11
ISBN 978-7-5585-2149-2

Ⅰ. ①你 … Ⅱ. ①柠 … Ⅲ. ①成功心理-通俗读物
Ⅳ. ①B848. 4-49

中国版本图书馆 CIP 数据核字（2019）第 239254 号

你不努力，没人能给你想要的生活

NI BU NULI MEI REN NENG GEI NI XIANG YAO DE SHENGHUO

出 版 人：刘　刚
策 划 人：师晓晖
责任编辑：关　巍
开　　本：880mm×1230mm　1/32
印　　张：6
字　　数：120 千字
版　　次：2019 年 11 月第 1 版
印　　次：2019 年 11 月第 1 次印刷
印　　刷：阳信龙跃印务有限公司
出　　版：北方妇女儿童出版社
发　　行：北方妇女儿童出版社
地　　址：长春市龙腾国际出版大厦
电　　话：总编办：0431-81629600
　　　　　发行科：0431-81629633

定　　价：32.00 元

前言

PREFACE

人生是一场修行，从呱呱坠地到垂垂老矣，一路走来，有破茧化蝶的艰辛，也有柳暗花明的欣喜；有奔波劳累的酸楚，也有累累硕果的喜悦。总之，在人生的漫漫旅途中，要想过上自己理想的生活，就要在不断努力的过程中尝遍生活的这些辛酸苦辣甜。这个历练的过程是任何一个有理想、有追求的奋斗者都逃不过的命运定数，也没有任何人能替代的了。

在电视剧《我的前半生》里有这样一句台词：路要自己一步一步走，苦要自己一口一口吃，抽筋扒皮才能脱胎换骨，除此之外没有捷径。

当时看的时候一扫而过，没有过多的感悟，后来经过一些挫折历练之后，才发觉这句话无比正确。的确，自己的路要自己一步一步地走。你的淬火历练，你的翻盘逆袭，没有捷径，只有努力再努力。当你累到精疲力竭，病到天昏地暗，也没人能帮你。这个世界上，所谓的感同身受不过都是别人的安慰，你的累、你的痛、你的苦，没有人真正感受得到，也没有人能代替得了。你不努力，没人能帮你走出困局，你不努力，没人能给你想要的生活。

正如著名诗人汪国真所言：“机会，靠自己争取；命运，靠自己把握；生命是自己的画板，为什么要依赖别人着色?”别人也有属于自己烦恼、困惑，别人同样也会被命运的虱子“咬”，他们怎么会有更多的时间和精力替你挠痒痒呢?

因此，你应该清醒地认识到，自己才是自己的摆渡人。你向往的生活不是等来的，也不是盼来的，更不是怨天尤人得来的，而是靠自己通过不断努力奋斗，一步一个脚印，踏实走出来的，要知道，你努力的程度决定了你人生的高度。

如果你希望成就一份不凡的事业，那就扬起梦想的风帆，尽情地挥洒汗水吧！尽管在这个过程中，你可能会夹杂着委屈、裹挟着孤单、经历着身心的双重折磨，但是在淬火历练、抽筋扒皮之后，你会收获睿智的思想、运筹帷幄的能力、独到的人生感悟，以及令人艳羡的人生成就，还有你最想要的生活……

最后，谨以此书献与你。愿你能从书中汲取追求理想生活的勇气，也愿你在书中学到努力付出的正确打开方式，从而成就一个更好的自己，铸造一段别样的理想人生，得到想要的生活。

目录 CONTENTS

第五章　你只需努力，剩下的交给时间

第一章

你不努力自救，凭什么让别人救你

▼

爱别人，也要爱自己

当一个人开始懂得爱自己的时候，才会发现，所有的痛苦都源于不尊重自己：丧失自我，无个性，无主见，甚至无梦想。试想，一个总是活在别人的世界里，受别人摆布，没自我，没大志的人，别人怎么会喜欢你呢？社会怎么会接纳你呢？

小房是典型的贤妻良母，身边的人都夸她“贤惠”“无私”“体贴”“温柔”。

小房与丈夫是相亲认识的，两人第一次见面，互相感觉都不错，便顺理成章地坠入爱河，然后顺理成章地结婚生子。丈夫说，他最喜欢小房的一点就是体贴，比如她会在前一天晚上为丈夫熨好上班要穿的衬衣，会每天早起做可口的早餐然后送丈夫出门，会每天晚上做好精致的晚餐迎接丈夫回家。

有了孩子之后，小房的角色由原来的“妻子”变成了“母亲”，她除了依旧对丈夫体贴之外，还要负责照顾儿子的饮食起居。

几年的家庭主妇生活让小房变得细心体贴的同时，也变得啰唆起来。

有一次，儿子的幼儿园组织春游，要求每个小朋友都要带一份便当，小房在春游的前一天晚上精心制作了便当，又为儿子准备了各种要带的东西，一样一样地往书包里塞，后来发现书包塞不下，硬是给孩子准备了一个行李箱。第二天早上，儿子看了一眼行李箱，说什么都不带，只背了平常上学用的书包就走了。小房感到一阵失落，当天晚上她思考着孩子春游的事情，几乎失眠，她不明白为什么儿子不懂她的爱和付出。

如今，小房的儿子已经上小学，小房终于结束了家庭主妇的生活，开始工作，但已经与社会脱节的小房碰壁不少才找到一份愿意让她试试看的工作。为了将这份工作做好，小房晚上把孩子哄睡了后还要继续学习，与此同时，几年如一日的家务事小房也没有落下。小房每天早起晚睡，一边计算着柴米油盐，一边兼顾着工作。由于操心的事情越来越多，小房自然就越来越啰唆，甚至谁少吃了一个馄饨，多喝了一口饮料，她都要说一说。终于有一次，丈夫爆发了与她的争吵。情绪激动的情况下，丈夫脱口而出：“你就知道叨叨，简直就是个讨人厌的黄脸婆。”

小房无限委屈地找我哭诉：“为什么我付出那么多，他们却不珍惜？我做好了红烧鱼，一个劲儿地把鱼肉夹给他们吃，自己吃鱼头，可他们从来不知道我也不爱吃鱼头……我感冒发烧的时候，还是得拖地、洗衣服，他们该看电视看电视，该玩游戏玩游戏，都不知道搭把手……”小房喋喋不休地说了很多，我从她的话中得知，她确实是“贤妻良母”，一个爱别人胜过爱自己，毫无存在感和价值感的“贤妻良母”，只是这样的好名声有什么意义呢？

当一个人爱别人爱到失去了自我，那她自己就变得不值得爱了。人要存有志向，有个性、有主见，爱人七分足矣，剩下三分爱自己。

民国时期的才女张爱玲，既有美貌，又有才情，她的高贵典雅似乎是与生俱来的，可是，她与胡兰成的一段爱情却让她的传奇人生蒙上了一层灰暗的色彩，因为在这一段爱情中，张爱玲只懂得爱别人，忘记了爱自己。

两人最初的相识是因为胡兰成看到了张爱玲的文字，还没谋面就已经满心倾慕。后来两人相识、相知，继而相恋，张爱玲沉溺在胡兰成的才华和恋爱的美好之中，不顾对方已有妻室，也不顾对方汪伪政府要员的身份，委曲求全地爱他。

张爱玲曾经送给胡兰成一张照片，照片的背面写了这样几句话："见了他，她变得很低很低，低到尘埃里。但她心里是欢喜的，从尘埃里开出花来。"也许起初，张爱玲的内心是快乐的，但是当她得知胡兰成风流成性、处处留情的时候，心底的痛苦想必是多于最初的甜蜜的吧，可是张爱玲依然没有放手，甚至一直接济着当时处在困境中的胡兰成，一直到张爱玲再也难以忍受胡兰成的拈花惹草，写信给胡兰成做最后的诀别，随着诀别信一起寄给胡兰成的，还有张爱玲的三十万元稿费。

一个传奇女子，她的才思令世人铭记，却在爱情里迷失了自我，把对别人的爱当成了唯一因而让自己深陷这段感情的泥淖，失去了爱自己的能力。

我认识一个单亲妈妈，她的名字叫 Eva，我们认识的时间不长，但我却深深地喜欢这个女人的精致与优雅。

很多初次见到 Eva 的人基本上都会想当然地认为，她一定有一个幸福的家庭，而且与老公感情很好，也有人猜测她资产不菲，家世阔绰，因为 Eva 无论什么时候出现在人们面前，都保持着得体的妆容和衣饰，再加上她挺拔的身姿，白天鹅般的脖颈，还有精心打理过的黑缎一样的头发，淡雅的笑容，简直让人移不开眼睛。

事实上，Eva 并不是出自富贵之家，她拥有的每一样东西都是自己辛苦打拼挣来的，她也没有令人羡慕的婚姻生活，相反她离过婚，现在独自生活。但无论遇到任何情况，她都坚强面对，永远保持着自身的美丽与可爱，所以她身边从来不乏优质的追求者。

Eva 坚持健身，擅长烘焙，家里的阳台上还养了各种花草，拥有各种技能的 Eva 说："生活什么样子，取决于你自己是什么样子。只有懂得爱自己，生活才会爱你。"

与 Eva 相比，小平就完全不一样了。小平的男友是她高中时的初恋，两人已经到谈婚论嫁的地步，男友却突然提出了分手，小平苦苦挽留，却依然唤不回男友。

小平在家整整闷了两天，不吃、不喝、不说话，她还觉得不够，便约了朋友，来到 KTV 唱了一个通宵，喝了一瓶又一瓶啤酒，散场的时候，小平是被大家又背又抬地送回了家。小平清醒过来之后，头痛欲裂，但还是强撑着给男友打电话，哭着喊着倾诉自己的爱恨情仇，男友无动于衷，小平便威胁说要割腕自杀，可又哭又闹的小平等来的却是那头无情的挂断音。痛苦的小平宛如神经质一般折腾了一次又一次却不起任何作用，此时，她终于明白：一个不爱自己的人，是不值得别人爱的。

当初恋爱的时候，她为对方精心烹制菜肴，因为她相信“抓住男人的胃就是抓住了男人的心”，她要用美味佳肴拴住对方；她总是时不时地检查男友的手机，因为她不允许对方与除了自己之外的女人有过多的接触。她不自信，她患得患失。

然而，当你的生活中只剩下别人的时候，也是丧失自我的时候。生活中，有太多的人习惯于取悦别人，认为只有让身边的人高兴，自己才能得到真正的快乐，其实不然。你需要先学会爱自己，取悦自己，提高自己，只有这样身边的人才会看到你内在的活力与美，也才会发现你的与众不同，他们看待你的眼光不同了，你身边的世界自然会变得更美。

▼

健康，是你追梦的资本

在一次大学同学聚会中，大家谈起了大学的学长佳哥。佳哥刚参加工作两年，却骤然去世。听到这个消息，我十分震惊和痛心。佳哥是我们学院的学生会主席，又是学霸，非常优秀，所以收获了一大票小学妹的喜欢，我们班有几个人也常常在宿舍里谈论佳哥，但是他如今却成了大家口中叹息的对象。他是在一个加班的晚上心脏骤停的，第二天项目组要开讨论会发现佳哥没到，打佳哥的电话一直无人接听，同事们辗转来到他家，找来物业开门之后发现，佳哥躺在书桌旁边，桌上的电脑还是开着的……

之后的几天，我一直闷闷不乐，总难以相信佳哥的生命竟然如此短暂。佳哥走了，他的梦想也变成泡影随他去了。此时想到人一生之中，忙忙碌碌，有哪一样是真正重要的呢？

我虽闷闷不乐，但在感伤之余很快地就投入到战斗一样的工作当中，又恰好赶上那段时间工作很忙，便每天都经历相同的夜晚：一边感慨“这活儿老娘真是干够了”，一边戴着黑框眼镜，盯着电脑屏幕，噼里啪啦地码字。

二〇一八年十月二十五日，央视著名节目主持人李咏去世，铺天盖地的媒体报道让人们不得不相信这个噩耗。李咏的妻子哈文没有过多地披露李咏生病的细节，但是每个人都能感受到哈文的心如刀绞，一句“永失我爱”令人潸然泪下。

那么幽默、阳光、充满正能量的李咏老师，就这么突然离开了他的观众，这实在令人难以接受。看到新闻的时候，我跟大多数人的反应一样，只有惊愕。我默默地在朋友圈转发缅怀李咏老师的推文，然后告诉自己：无论什么样的身份地位，也无论什么样的才华能力，都不能阻挡死神的脚步。之后，我定下目标，按时作息，认真对待每一天的自己。

后来，当然又有新的工作拥过来，我依然以爱岗敬业的态度熬着数不完的夜，生产最新鲜的黑眼圈。

直到有一次，我正在加班的时候，觉得口渴难耐，想去客厅倒杯水，可是当我站起身来的时候，发现双腿麻木，突然的心悸让我几乎跌倒在地。那是我第一次真实地感受到我的身体已不像十几岁的时候那么禁得起折腾，我需要很好地爱惜自己了。

我们要明白，生命才是一切的基础，先有健康的身心，才能服务社会帮助他人。

还有，我想说说我的爷爷。

爷爷是土生土长的农民，他一生要强，但没有任何人可以依靠，他是一个孤儿。在那个温饱都是问题的年代，他没能闯出一片天地，只把一身的力气都用在了黑黝黝的土地上。

爷爷后来娶了奶奶，他很满足，因为贫穷让他觉得自己没有可爱之处，能娶到奶奶他觉得很幸运。和奶奶结婚以后的五十多年里，他常常挂在嘴边的一句话是："让你受苦了，没能给你好的生活。"

爷爷过得非常节俭，事事都精打细算。爷爷七十五岁那一年，春节刚过，他开始了连续的胃痛，但是爷爷一直秉持着不给家人增加麻烦和负担，小毛病能忍则忍的原则，直到疼得不能忍了才说出来。家人带他去医院检查，结果已是胃癌晚期，一切救助手段都已经无济于事。爷爷选择不治疗，家人不同意，求医生给爷爷做手术，可是医生说，癌细胞已经转移到肝脏，而且以爷爷现在的年纪，上了手术台可能就下不来了，最后只能选择保守治疗。

爷爷在接下来的两个月中，迅速消瘦下来，但是我们从来没有听到爷爷呻吟一声，他总是在老院子的门前坐着，一坐就是半天，我不知道他在想什么，也没有问。

医生开了止疼药，嘱咐说疼也不能多吃，副作用太大，一天最多吃两颗，爷爷严格按照医生说的每天吃两颗，但我不知道那是真的无法忍疼还是只是例行公事，因为我没有听过他喊疼。直到爷爷去世之后我才知道，那种疼痛是一般人难以忍受的，而且医生已经开了止痛针，说在最后阶段可以为他减轻一些痛苦，但爷爷拒绝了。到死他也不想多花一分钱。

爷爷爱抽烟，但是为了省钱，也为了不让奶奶唠叨，便戒了。生病后的爷爷在照顾他的方面没有对我们提出任何要求，只是总是很眼馋的样子看着爸爸抽烟。有一次，叔叔看爷爷脸色难看，似乎是疼得厉害，便点了一支烟递到爷爷嘴边，爷爷贪婪地吸了两口，吐出烟圈，眼神呆呆的。这个时候，奶奶走过来了，爷爷一脸慌张，忙不迭地把烟掐灭，我看到爷爷的手指被烫伤了。我说不上来什么感觉，只觉心疼得要命，实在不愿意看到他事事委屈自己。

爷爷在同年的端午节去世，临走的时候嘱咐家人，要求丧事从简，然后把自己攒的钱都留给了奶奶和三个儿子。

我在爷爷的葬礼上哭不出来，满心的难受却难以表达，那使我第一次感受到，爷爷的离开带走的不仅是一个生命，还有身边人的牵挂和快乐。我不明白，难道钱比生命还重要吗？

现在想来，佳哥只顾梦想，无视健康，只能让梦想和生命一起烟消云散。爷爷要是珍惜生命，不吝钱财，可能就会拥有健康，至今健在。由此看来，健康的生命真是成事的本钱，否则，什么都无从谈起。

▼

廉价的爱，终将被嫌弃

生活中好像不乏这样一种人，他们天生一副被嫌弃的样子，明明做了很多，付出了很多，却还是得不到别人的认可和理解，自己苦恼的同时却找不到问题的根源所在。其实，问题没有那么复杂，当你置身事外，以一个旁观者的身份去观察和思考，就会发现，你之所以被人嫌弃，归根结底是因为你的付出太廉价。

我曾经有一个同事椰子，堪称是贤妻良母的典范，大家都说谁娶了她谁有福，但是这样一个女人，婚姻生活却并不幸福。

椰子与男友是大学同学，谈恋爱的时候读大三，毕业之后，男友回到老家就业，椰子则选择继续读研。读研期间，男友向她求婚，椰子喜出望外。但是，男友接下来的要求却给椰子浇了一盆冷水，男友要求椰子退学，结婚生子，原因是家里的老人认为女孩子学历太高没什么用，早点儿组建家庭才是正理。在经历了艰难的抉择之后，椰子同意了。

退学后的椰子迅速结了婚，第二年就生下一个可爱的女儿，成了一名全职太太。虽然不工作，但是椰子并不轻松，既要照顾孩子，又要照顾公婆。在孩子五个多月的时候，椰子与老公的沟通出现了问题，老公常常唉声叹气，话里话外都在表达对椰子的不满，例如“一个人养活全家压力大”“不能为家庭贡献力量的女人不是好女人”。

有一次，因为喂养孩子的意见不统一，椰子与婆婆发生了争执，晚上老公回家之后，对着她一通数落，说椰子不够善解人意，老人帮忙带孩子不知道感激不说，还胡乱挑剔。公婆还添油加醋地数落椰子的不是，说自己的儿子眼光不好云云。椰子满心委屈却无法诉说，只能暗暗流泪。

可椰子没有一蹶不振，她觉得凭着自己的努力，肯定还是能够处理好家庭问题的。既然丈夫觉得自己没有为家庭贡献力量，那么她决定做点儿什么来分担丈夫的压力。由于孩子还小，她思量再三，开办了一个辅导班，白天照顾孩子，晚上辅导来她这儿的孩子写作业。由于椰子尽职尽责，辅导班办得还不错，寒暑假的时候更忙。

后来，老人又开始催促椰子生二胎，因为他们想抱孙子，于是一边照顾两岁的女儿，一边开办辅导班的椰子再一次选择了顺从，开始备孕。可就在椰子备孕的时候，她发现老公出轨了，她一气之下说要离婚，老公没有任何挽留，而且对椰子的态度十分冷淡。伤心欲绝的椰子在一个冬天的夜晚夺门而出，她失落地走在马路上，突然觉得一阵眩晕，身体就像灌了铅一样走不动，她打车到了医院，检查结果是：妊娠八周。

椰子又改变了主意，她想为了孩子留下来，于是她又回了家，但当她说出自己怀孕的消息时，老公却不为所动，甚至认为她是为了挽留婚姻而撒谎。椰子万念俱灰，一个人去医院做了流产手术。没过多久，椰子就被起诉上了法庭，本就已经焦头烂额的椰子，再也无力折腾，她最终接受了法院的离婚判决，孩子的抚养权也被男方夺得。

椰子总是哭，她说她做饭、洗衣、看孩子，还挣钱养家，对待公婆孝顺，对待老公体贴，自己明明已经对他们很好了，付出了那么多，却还要承受这样的命运，她不明白为什么。

椰子三十出头，但已经是满脸沧桑的样子，每天都好像很累很累。我不知道如何安慰她，唯有常叫她出来喝喝下午茶，让她坐下来享受一会儿安静的时光，脱离一会儿鸡飞狗跳的生活。

我想，椰子的生活之所以是这样的结局，归根结底，是因为她活得太没有自我。我不能否认，椰子是个好女人，因为她总是很努力地要做传统意义上的好女人，而要做这样的女人，就要不停地满足别人的要求，以至于把自己的感受放到最不重要的位置；久而久之，别人不但不领情，还会觉得你做一切都是应该的，做不到就是有罪。就像你每天给别人一块糖，有一天你不给了，在别人眼里你就成了坏人。

看着痛苦的椰子，我想到了一部电影——《被嫌弃的松子的一生》。

松子是一个美丽的女人，但是她待人处世的方式、对待人生的态度和凄惨的结局却令人心疼不已。

松子有一个身患重病的妹妹，这让松子的人生变得灰暗起来，因为父亲把所有的注意力都集中在了妹妹身上，对松子缺乏必要的关注和情感上的照顾。松子因为父爱的缺失产生了自我嫌弃的心理，为了获得父爱，松子开始想尽办法哄父亲开心，她希望通过这种超越自己身份和年龄的做法，换来父亲一丁点儿的关怀。在这个过程中，松子越来越没有自我，甚至连别人对自己的嫌弃也认为是理所当然的。当看到松子对着父亲不停做鬼脸的时候，我的心里隐隐作痛，十分心疼这个原本可爱的小女孩。

不可否认，松子的父亲在松子的成长中对她的忽视是导致松子性格缺陷的重要因素，但是松子本身的性格弱点也是她人生悲剧的导火索。

成年后的松子，依然延续着小时候的做事风格，在爱情里，无论值不值得，她都会付出全身心的爱，以求得一份安全感。

松子的第一个恋人是一个不知名的小说家，他穷困潦倒，却认为自己是天生的作家，因为难以忍受前途渺茫，堆积已久的心灵重负最终变成了施加在松子身上的拳头。松子默默地忍受，直到对方以卧轨的方式结束自己的生命。

后来，松子做了别人的情妇，当得知对方只是利用自己后，自暴自弃的松子当上了浴室女郎；再后来她将欺骗她感情的另一个男人杀死，然后打算跳楼自杀；被人救下来之后，松子再次坠入爱河，与救命恩人过起了踏实快乐的生活，却还是没能逃脱警察的追捕。

狱中的松子依然没有放弃努力，她想在出狱后过正常的生活，但这样普通的愿望对她来说也是奢求。出狱后的松子接连遭受新的背叛，但执迷不悟的松子依然用挖心掏肝的爱来对待别人。当松子的情人说“松子的爱太过耀眼，太令人心痛，太可怕了”的时候，松子大概还不明白，自己对别人那种付出一切的爱，反而给了对方巨大的压力，让人望而却步。

影片的最后，松子满怀着希望走在繁星满天的夜空下，却被一群小混混围殴致死。看完电影，我忍不住泪流满面，松子是多么可爱的人，可是又是那么傻，她不明白，当为别人付出到失去自我的时候，也就是生命失去价值的时候。

《被嫌弃的松子的一生》中这个场景令人唏嘘不已。人，懂得为他人付出当然是好的，可是，这些都应该建立在自我认同、自我肯定和自我喜欢的基础之上，否则，即便你做得再多，也不一定能得到别人的回馈，甚至可能遭到别人的嫌弃。

▼

六十岁，你仍可以怀着一颗少女心

女人，在二十岁前后的时候，是花朵一样的存在，容貌好，身材好，一颦一笑都美好而纯粹；但是很多人都认为，女人一旦过了三十岁，青春就以迅雷不及掩耳之势逃走，剩下的就只有琐碎的日常生活和日渐松弛的皮肤。然而，真的是这样吗？女人美好的时光真的那么短暂吗？

提到伊能静，很多不喜欢她的网友，总是给她戴上做作、装少女的帽子，其实我倒觉得人各有志，别人的喜好你可以不接受，但完全没有必要出言中伤。

在《吐槽大会》第二期中，第一场的上场嘉宾居然就有伊能静，这让当时正在看节目的我有些吃惊。《吐槽大会》节目中赤裸裸的“攻击”，可不是一般人能够忍得了的，像伊能静这样少女心的人，会不会当场面红耳赤，甚至流下委屈的眼泪呢？事实证明，她没有，当其他嘉宾吐槽她已经四十八岁完全可以当奶奶的时候，她还是露出少女般甜美的笑，好心情丝毫没有受到影响，而且她十分坦然地说："请叫我公主。"我不禁为她的可爱点赞。

伊能静一直以来的穿衣风格都是清新婉约的，无论是荷叶边、蕾丝元素，还是粉色泡泡裙，她都穿得自信极了。除了穿衣风格之外，伊能静的家里也装饰得像公主的城堡一样，她就像所有平凡的女孩一样，从小就有着一个公主梦，只不过她一直在现实生活中践行着这个公主梦而已，即便年近五十岁，她也仍然怀揣"少女心"。

有人说，伊能静一把年纪了，不该再那么矫情，我觉得这样的评价对她来说实在有失偏颇。她已经快五十岁了，可是她的皮肤状态良好，眉眼总是含着笑意，笑起来的时候露出两个可爱的酒窝，我们有什么理由觉得她不够美呢？真正的少女感并不在于年龄，而在于整个人的心理状态和表现出来的精神气质。伊能静对自己的身材管理也十分严格，她经常在微博上晒出自己健身的照片，她说"幸福不会白得，苦也不会白吃"，的确，对自己的"狠"让她始终保持着苗条的身姿和自信的状态。

伊能静在她参加完《妈妈是超人》之后，再一次被推到风口浪尖，有些网友认为伊能静的幸福都是装出来的，她的爱人并不是真的爱她，甚至有人恶意留言称：像你这样活着有什么意义？并称她为可怜的女人。伊能静既委屈又气愤，她在微博上写了长长的文字，认真地告诉网友：她的幸福她自己最了解。我想是的，一个女人，在自己的爱人面前，展现自己对他的依赖有什么错呢？为什么女人撒个娇要得到所有人的同意才行呢？一个人，在脆弱的时候表现脆弱，在辛苦的时候流流眼泪，难道不是再正常不过的吗？

很多人认为，女人结了婚以后，尤其是有了孩子以后，就应该把精力都放在日常的柴米油盐的琐事上，不再有时间打扮，不再有心情逛街，那才是一个女人该有的正常的状态。有了丈夫孩子的女人都应该是“女超人”，“少女”这样的词汇跟她们不再挨边。但是少女和“女超人”并非是八竿子打不着的两个极端，它们不是一对矛盾体，反而可以很好地结合在一起。伊能静本身就是既有一颗少女心，同时又是有很强行动力的女人。她可以嗲嗲地撒娇，也可以应付外界汹涌而来的诽谤和恶意；她可以穿着粉色长裙多愁善感，也可以经营着不输男人的事业。这样的女人，怎么会不可爱呢？

有一次，我和闺密去看电影《一生一世》，电影结束的时候，我们惋惜地讨论男女主角的悲剧爱情，感叹着编剧为什么不让两个有情人终成眷属。《一生一世》的片名如此温暖浪漫，结局却如此悲凉。

正伤感着，在电影散场的人群中，一对老夫妇引起了我的注意。

老爷爷一手拄着拐杖，一手牵着老奶奶的手，老奶奶脸上带着微笑，两人看起来很恩爱。接着，只见老奶奶对老爷爷耳语了几句，随即捂着嘴巴笑了起来，老爷爷看了看旁边的娃娃机，也笑了。两个人手拉手来到娃娃机旁边，老爷爷从兜里掏出几枚硬币投进娃娃机，示意老奶奶去抓，老奶奶又捂着嘴笑了笑，有点儿害羞地走到娃娃机前。

老奶奶抓了几次都没有抓到一个娃娃，扭过头对着老爷爷撇了撇嘴，那一幕，简直是热恋中的少女才有的样子。老爷爷指挥老奶奶站在娃娃机前，用随身带的手机，给她拍了几张照片，老奶奶凑到手机前，一边看一边笑，两人又牵着手离开了。

我和闺密当时都是单身，被这突如其来的“狗粮”喂了个饱，我们忍不住猜想，是不是老奶奶听了这个电影的片名，想起和老爷爷一起经历的一生一世的爱情，所以央告着老爷爷来电影院的呢？也许是，也许不是，但是老奶奶那种对待生活和爱情的憧憬和热爱不就是一种美好的少女情怀吗？大概所有女人都有一颗少女心吧，只是很多人羞于表现出来。

那天从电影院回到家后，我主动问妈妈："妈妈，你喜欢什么样的连衣裙，我给你买一条连衣裙穿吧，让你回味一下年轻时的样子！"妈妈连连摆手拒绝："我都这把年纪了，穿什么连衣裙，再说了，穿裙子做家务也不方便啊！"我就知道，妈妈会拒绝我，但是我已经下定决心了。

在妈妈的生日那天，我定做了一个粉色的蛋糕，上面缀满了樱桃。然后把买好的碎花连衣裙送给了妈妈，告诉她那是我和爸爸一起帮她选的，她穿上一定很漂亮。妈妈嘴上唠叨着我们乱花钱、乱买衣服，但还是开心地试穿了连衣裙。那天我才发现，原来妈妈那么漂亮，她笑得无忧无虑，就像个孩子一样，我想，当年妈妈跟爸爸谈恋爱的时候，大概就是这么美吧！我多么希望妈妈以后一直美美哒，一直享受着丈夫和孩子对她的宠爱，一直笑靥如花。

当一个女人结婚生子，容颜慢慢苍老，渐渐成了生活中的“女超人”，请不要轻视自己，要时刻拥有一颗少女之心，要自强、自尊、自力，要更加热爱家庭和生活，要走出去，培养广泛的兴趣爱好，集现代与传统于一身，既优雅又时尚，做一个魅力女人。

▼

心中的爱，是支撑你最强大的力量

在生活的洪流中飘来荡去，难免有不堪重负的时候，也许你曾有过伤心和失望，但是一定不要让沮丧和懊恼填满你的内心，那是对自己的摧残，也是对周围亲人朋友的摧残，他们一定会被你消极情绪所感染。这时你要想一想，他们是爱你的，你也爱他们，为什么要把负面情绪带给他们，让大家都不开心呢？为何不用这些爱支撑起自己的内心，使自己强大起来，战胜困难继续前行呢？

七月的上海，正是梅雨季节，整个城市都弥漫着湿气，闷热得像蒸锅，易欣前几天因为一个项目出了问题被领导狠狠批了一通，并且被降职了，心里更加燥热。易欣为了这个项目加了两个月的班，总是第一个来，最后一个走，熬得眼睛发红，牙龈出血，她都没有怨言，因为她想把这个项目做好。可是，在最后的交付阶段却因为客户的突发奇想，不得不修改原来的方案，时间紧，任务重，易欣一边要赶进度完成客户的要求，一边还要安抚情绪失控的项目组成员。可是，最终的结果还是不尽如人意，客户依然投诉了他们，这让易欣很难接受，领导更是不分青红皂白地否定了她这段时间的所有努力，她感到委屈极了。

垂头丧气的易欣回到家里也没有好脸色，无处发泄怒气的她跟男朋友大吵了一架跑了出来。她坐在公园的长椅上，想着这段时间一团乱麻的工作和生活，心里很不是滋味。这个时候，手机响了，易欣掏出手机，一条消息弹了出来："周六去徒步吧，我替你报上名了！"署名是"豆芽菜"。

"豆芽菜"是易欣的朋友，准确地说，是认识不到半年的新朋友，她们是在一次驴友组织的徒步旅行中认识的，"豆芽菜"活泼爱笑、平易近人，那次，易欣吃了"豆芽菜"递过来的"士力架"，两人聊得很投机，就成了朋友。

易欣本能地想拒绝"豆芽菜"的邀请，但一想到"豆芽菜"那不容人拒绝的笑，还是回复了："好的。"

周六，易欣与"豆芽菜"一起参加了徒步活动。这次的路线很陌生，她们走得很累，易欣和"豆芽菜"掉队了，她们走了一条错误的路，沿途遇到一片残破的墓地，易欣觉得非常倒霉，心情很是烦躁，“豆芽菜”却在前面一边哼着歌一边走着，心情似乎丝毫没有受到影响。易欣在后面亦步亦趋地跟着。

“小心，”“豆芽菜”往前迈了一大步回头对着易欣说，“这里有一块倒了的墓碑，不要踩到它。”易欣觉得她有点儿神经质，满脸不爽地说：“都什么时候了，你还有心情顾得上这些。”“豆芽菜”说：“这是对逝者的尊敬嘛。我知道你最近心烦，但是你不能因为遇到了一些烦心事就虐待自己的情绪，虐待周围其他人的好心情啊！更不能因为自己的不顺利，就失去对所有人和事物的善意啊！”

易欣虽然觉得她说得有道理，但她就是沉浸在自己的倒霉、郁闷的情绪中出不来。“豆芽菜”走过来，拉着易欣的手提议两人坐在路边休息一会儿。看着远方的天空，易欣突然很有倾吐内心的欲望。

“我不明白，为什么我这么努力地工作生活，依然这么点儿背……”易欣叹了口气，继续说道，“我现在满心都是委屈和不公，对所有事物都很厌恶，连我也讨厌这样的自己……”“你啊，真是吃的苦太少，不懂得现在的生活多么可贵。”“豆芽菜”笑了笑，说道。接着，“豆芽菜”讲起了自己的经历。

原来，那么爱笑、那么爽朗活泼的“豆芽菜”也有不为人知的故事和隐痛。“豆芽菜”三年前不顾家人的劝阻辞掉了工作，随着男友去了新加坡。男友承诺她“生死契阔，与子成说”，“豆芽菜”便像着了魔一样非他不嫁，尽管那时候他们认识才几个月的时间。沉浸在甜蜜爱情中的“豆芽菜”毫无防备之心，也没有给自己留下任何退路，只带着一腔对真爱的渴求和自己攒的十万块钱飞去了新加坡。

起初在一起的日子，“豆芽菜”觉得无比暖心，男友会煲好她喜欢的汤叫她起床，会在圣诞节的时候把礼物塞满她的袜子，也会一边说她重得像小猪一边仍然背着她上楼……一切都美好得不成样子。直到有一次，“豆芽菜”在路上被人搭讪，因为不好意思拒绝而留下了电话号码。男友当时没有说什么，拉着“豆芽菜”回了家，刚进家门，就把“豆芽菜”重重地摔在地板上，然后到来的便是劈头盖脸的谩骂和拳脚相加，“豆芽菜”彻底蒙了，这个眼神充满戾气的人还是那个温文尔雅的男友吗？

经历了这一次“家暴”事件后，“豆芽菜”才意识到自己遇人不淑，但是当她想要分手的时候，男友却又是下跪又是痛哭流涕地挽留，“豆芽菜”选择了“看他今后的表现”。男友后来果然又变回了那副温柔的面孔，只是，“豆芽菜”常常会发现，自己独自出门的时候，男友总是不知道在什么时候会出现在一个不起眼的角落里跟踪，她每天都活在被监视的恐惧当中。

后来，“豆芽菜”偷偷地离开了，丢掉了对幸福的憧憬，也丢掉了对那个男人的爱。

回到上海的“豆芽菜”带着满心的辛酸和委屈开始了新的生活，她说：“刚回来的时候，觉得孤独得好像世界上只有自己一个人，工作、爱情，甚至连跟家人的热络都要从头开始……真的很难，但是我觉得不能因为一段不堪的过往就让心里充满了怨恨，生活还要继续，我要坚强地站起来，善待自己，善待爱我和我爱的人，只有这样生活才会充满阳光。”也许没有人能体会“豆芽菜”经历的创伤，但是包括易欣在内的很多“豆芽菜”身边的朋友都看到了她阳光快乐的一面，仿佛她从没受过伤，仿佛这世界对她从来都是美好的。

徒步旅行回来后的易欣，主动和男友道了歉，易欣将自己内心的压抑向男友和盘托出，收获了男友心疼的拥抱。易欣又像平常一样开始工作，以更好的姿态和神采奕奕的面貌展现在人们面前，也许，她的生活依然不会一帆风顺，但至少她懂得，只有自己心中对生活充满爱，才能在困难袭来的时候刀枪不入。

有一年的八月份的晚上，我和朋友去一个海滨公园消暑。

夜晚的公园十分热闹，公园广场上围了一群人，我们在人群中穿梭，突然听到一阵美妙的歌声，我们随着声音走了过去，原来是有人组织了露天 KTV，唱歌的是个年轻女孩。那女孩的声音真的美极了，既温柔又充满着力量，我们忍不住在人群中多待了一会儿。一曲唱罢，人群中响起热烈的掌声，女孩鞠了一躬，说："谢谢大家，我今年高考，成绩并不如意，我选择了复读，我相信明年我能考好，谢谢你们听我唱歌，谢谢你们的鼓励……"我和朋友相视一笑，这样的女孩，多好。

她是那么真实，心痛是真实的，快乐也是真实的。那天晚上的歌声像是有魔力一样，让我一直难以忘怀，让我在内心深处一直珍藏着那份动人与纯粹。

一个人快乐不快乐，不取决于外界环境，而是取决于他的内心，如果心中是装满对这个世界的爱，对自己的爱，那他眼中的所有事物都会是美好的，他也才能不被困难的流矢击中，而能幸福地度过每一个日夜。

▼
好想做那样的“女汉子”

不知道从什么时候开始，“女汉子”这个词悄然走进人们的生活，最初听到这个说法的时候，我笑了很久，原本阴柔的“女”字与狂放豪迈的“汉子”组合，似乎别有趣味。很多人提到这三个字，或多或少会带一点儿戏谑的意味，大概“女汉子”跟缺乏女人味儿脱不了干系。但我却觉得，生活中真正的“女汉子”，她们的能力、魄力和思想境界都是一般女孩望尘莫及的。

我就认识一个这样的“女汉子”，她的“汉子”行为和思想让我自叹不如，很多次，我都忍不住发出感叹，多想变成她那样的“女汉子”啊！

有一段时间，我特别迷恋韩剧，所以有了一个新鲜想法：我要学韩语。于是我报名加入了一个韩语补习班。虽然我怀着对韩剧小鲜肉的满腔热爱，但是真正学起韩语来，才知道有多么枯燥。

小曾就是我在补习班认识的一个同学，她其貌不扬，但是做事特别认真，对于韩语的学习自始至终都不曾懈怠。老师为我们布置的学习任务，我们常常完不成，但小曾往往都是超额完成。

开始有人称呼小曾为“女汉子”是由于一次搬水的经历。那天恰好电梯坏了，送桶装水的师傅又一直不来，大家都渴得难忍，于是决定去楼下超市买一箱矿泉水应急。但是由于我们是在七楼，大家都不大愿意跑这趟腿。

这时候小曾大喊一声“我来”，然后就“噔噔噔”跑下楼去了，不一会儿工夫就搬着一箱矿泉水回来了，全班的同学都给她鼓掌。我们一边感激一边开玩笑地说：“班里又不是没有男生，干吗非得自己去啊？”小曾哈哈一笑：“谁搬不是搬，我可不是林妹妹哦！”

而小曾坐实了自己“女汉子”的称号是因为另一件事。

有一次，小曾开车来上课，在半路上轮胎居然坏了，小曾勉强把车开到路边，打开后备厢，拿出她的工具，开始换轮胎。她专注地干着活，丝毫不管周围的人什么反应。回到班上，小曾对这件事只字未提，但是，当天下午，我们的朋友圈里就有人转发某某路段，女子换轮胎的视频。视频里的小曾态度淡定从容，动作干脆利落，而且完全没有在乎周围人的眼光。从此之后，小曾就是彻头彻尾的“女汉子”了。

小曾的技能当然还不止这些，换灯泡啊，修马桶啊，徒手组装衣柜、鞋架啊，这些对她来说都是小菜一碟。

这还不止，更让我惊掉下巴、心悦诚服的是她对梦想的追求。她的梦想是在大理开一家小客栈，起初听到时我们都以为她只是说说而已，没想到最后她真的做了，而且越做越好。

她的客栈名叫亲亲小院，环境好极了，特别是春天的时候，小院里开满了紫藤花，一串串的花儿爬满院里的花架，花架下是藤编的桌椅，一切都安详美好。

每天早上，她都在洱海边跑步，我不知道每天呼吸着洱海的空气是什么样的感觉，但是我超级喜欢她拍下的每一处风景。她会在朋友圈里直播，我也是看了她的直播之后才发现，原来她居然还会做甜品、香薰，无论是无糖无油的紫薯欧包，松软可口的杧果班戟，还是酸奶水果小蛋糕，或者是采摘自生自长的花瓣、叶子做成手工香薰和香皂，免费送给来旅游到客栈小住的人，她的动作总是干净利落，成品也足够赏心悦目。有时候，她还会带着新婚夫妻去苍山拍婚纱照，带着一家五口到山上采摘榛子和蘑菇，或是带着旅游的姐妹花一起参加篝火晚会……

每当我把自己闭锁在世俗的生活当中难以自拔的时候，我总是喜欢翻一翻她的朋友圈，看她头顶的蓝天白云是多么清澈，感受她的慢生活是多么悠然自得，心底就能升起安适的感觉，当然，同时升起的，还有对她的崇拜和向往。

记得当初一起上韩语课的时候，休息之际我们聊天，我问她："大家都叫你'女汉子'，你承认吗？"问出那样的问题是因为我不喜欢别人这么叫我，总觉得在这个称号当中包含着或显著或隐藏的揶揄，而且我一直渴望自己能变成人们眼中的"淑女"。但她却很自然地回答："承认啊！有什么不承认的！我就是无所不能的'女汉子'啊！"

一个真正的"女汉子"，是强大到无所不能的。因为小曾，我彻底改观了对"女汉子"的看法，而且，我多么希望有朝一日，我也能配得上这三个字，变成她那样的女汉子。

第二章

平凡的生活也需要不凡的努力

▼

系着围裙，也跳着芭蕾

很多人容易在追逐幸福的过程中，因为挫折的刁难，琐事的磋磨，忘记了自己的初心，越来越找不到人生幸福的秘诀。其实，当把自己放在一个旁观者的角度，反而更能发现幸福的真谛。

小汪是一家公司的出纳，工资不高，还算清闲。小汪结了婚，嫁了一个普普通通的男人，在没有孩子之前，他们的生活平平淡淡，无波无澜。小汪一直有一个梦想，就是想要学跳舞，她喜欢在镜子面前看自己翩翩起舞的样子，老公鼓励她："你的工作不忙，可以报个舞蹈班啊！"小汪有一些心动，但是还没等她行动，验孕棒上的两道杠让小汪夫妻有了新的想法，他们畅想以后的生活，描绘着未来的孩子的模样，渐渐将小汪学跳舞的梦想抛诸脑后。

经历了十月怀胎的辛苦，小汪有了自己的孩子，这时候她才发现，生活是那么现实。小汪独自承担着照顾孩子的重担，只能暂时把工作辞了，做起了家庭主妇，小汪的每一天都在匆忙地洗洗刷刷。孩子小的时候，小汪还能趁着孩子睡着了做点事儿，孩子稍微大一点儿就很难有属于自己的清静的时刻。

多少个夜晚，当身边的老公和孩子都酣然入梦的时候，小汪在黑暗中睁着眼睛，怎么都睡不着。那天晚上，她又失眠了，她想起了上午朋友发给她的一张照片，朋友说，已经很久没有在一起聚聚了，很怀念她们闺密几个在一起时的快乐。小汪看到照片上大笑的自己，纤细的身姿，明媚的笑颜，短短一年多的时间，为什么自己发生了这么大的变化呢？

生活确实比之前累了，牵挂操心的事情多了，但是那些挥之不去的赘肉是怎么回事呢？那些带着奶渍和油渍的睡衣是怎么回事呢？黑眼圈、鱼尾纹，为什么这么短的时间都悄然爬上了自己的脸呢？小汪在黑夜中流泪了，也许每个女人大概都要经历结婚生子的过程，但不是每个女人都会任由生活摧残啊！这一切，都是因为自己对自己的要求放松了，当不修边幅已经成为常态，还谈什么清爽、舒适、愉快呢？

小汪想，她还很年轻，她要重新收拾自己，哪怕在家不化妆，也一定要好好洗脸，做好保湿，每天喝汤，晚上泡脚，趁孩子睡着的时候补觉，做仰卧起坐，做瑜伽……

小汪当然没有闪电一般地瘦下来，但是她在把自己的生活安排得更合理、更充实的时候，她的自信回来了。

孩子三岁的时候，上了幼儿园，小汪开始上班了，小汪跟老公约定好，晚上两人轮流照顾孩子，每周一、三、五、七由小汪负责，二、四、六归老公管，二、四、六的晚上成为小汪最自由的时间，她得以腾出时间来安排她的梦想了。

小汪抽出时间去报了舞蹈班。小汪依然微胖，但是当她穿上舞蹈服的时候，对着镜子里的自己，小汪笑了，镜子里的人就是梦里的自己。

以前的小汪，做饭的时候总是放空，看着锅中翻腾的热气，她总是心生恍惚，她不明白自己为什么每天不是围着老公孩子，就是围着锅碗瓢盆打转呢？但是现在的小汪不那样想了，她在厨房放着舞曲，一边听着舞曲一边尝锅里的汤，斟酌着糖或者盐的用量。等锅开的时候，小汪踮起脚，转个圈，复习着刚刚学到的舞步，在同样氤氲的热气中，她看到自己穿着舞鞋翩翩起舞的样子，宛如一只优雅的天鹅，她陶醉在自己的舞步里。

也许，你的一天都围着锅台打转，你要洗碗做菜，煲汤蒸饭，但是穿着围裙也并不能阻挡你跳芭蕾的舞步。

但是，偏偏有一些人，在柴米油盐里将自己软禁了，三尺宽的地方竟然成了困住自己的囚笼。

晓丽是研究生毕业，她从一上学就笃信，只有学得好，才能嫁得好，于是，她拼命地读书，拼命地想要与那个生她养她的小县城撇清关系。毕业后，晓丽靠自己的学历成功找到了一份还不错的工作，但是在她看来，工作是次要的，寻觅一个能改变自己命运的男人才是正事。

心心念念要当阔太太的晓丽，天天忙碌着打听所有单身男同事的家庭背景、择偶标准，似乎她光鲜亮丽的阔太太日子就在她的身边跟她捉迷藏，她无比热衷于迅速地得到这种生活。

晓丽谈过几个男朋友，最终都因为晓丽毫不遮掩的婚姻观而告终，更加祸不单行的是，晓丽因为对工作不能全身心投入，被老板炒了鱿鱼。在连续几次这样的工作经历之后，晓丽既没有积累多少工作经验，又没有多大的自我成长，心灰意冷的她最终选择回到了原来那个被她嫌弃的小县城。

很快，在父母的参与下，在三姑六婆的催促中，晓丽顺利地相亲、结婚、生子，成为那个小县城里所有普通女人中的一员。一开始，晓丽总是觉得，自己的学历也好，内心的梦想也罢，都让她无法安于在此了无生趣地生活，但是时间久了，就像是温水煮青蛙，晓丽竟然慢慢地习惯了这种生活。

晓丽慢慢喜欢上拉家长里短，习惯了穿着睡衣去菜市场挑选便宜又大捆的蔬菜，她在日复一日重复的日子中，伺候着公婆，伺候着老公孩子，不争不抢，不怨不怒。只是有时候，当别人问到晓丽上过几年学，她总是想不出合理的说辞让别人相信，自己读过研究生。

也罢，晓丽妥协了。一个女人，相夫教子，让他们过得没有后顾之忧，大概就是最大的成就吧，晓丽想，哪怕自己的围裙总是有油污的，手指是粗糙的，脸色是发黄的，但她能怎么办呢？大概人生差不多都是这样，在内心的不甘和隐忍中度过相似的每一天，最终走向生命的终点罢了。

晓丽的后半生会是什么样，似乎不难预料，这个世界上，又有多少个晓丽呢？当一个女人，完全放弃了自己最初的追求，在世人的期待和希望中过着似乎理所应当的日子，她的人生大概已经有了定数，人生的种种不期而遇不属于她，意外的美丽不属于她，所有惊喜和梦想，通通不属于她。当她系着围裙在厨房里打转，想起自己穿上舞裙的美丽模样，是否会潸然泪下呢？

▼

能真正阻挡你前进的，只有你的不思进取

当一个人真正想要前进的时候，是没有什么能够阻挡他的步伐的，但是，当自己的内心不够坚定，不思进取的时候，无论看上去多么努力，其实都不过是在做戏。

上大学的时候，同宿舍的同学琪琪说要考研，但其他人都没有考研的想法，我们对琪琪的决定感到十分惊讶，因为琪琪并不是传统意义上的好学生，也谈不上爱学习，或者目标远大，这一次决定考研，让我们对她有了新的看法。

琪琪说："读大学之后，荒废了很多时光，觉得自己完全没有追求，这一次考研，是下定了决心，要付出比别人更多的时间和精力，圆自己的梦……"一番话说得慷慨激昂，让我们忍不住为她加油打气。

琪琪决定考研之后，好像变了个人一样，说学就学。她

每天早上都早起，跟着考研大军一起冲进自习室抢座位，她给我们描述同学们抢座位时的样子，眉飞色舞，兴奋得不得了。晚上，琪琪也要等到自习室的人都走得差不多的时候，才肯回宿舍，甚至有时候等到我们睡着了她才回来，我们都暗暗佩服琪琪的意志力。原来，当一个人真的决定要做某件事的时候，是不会耽搁一分一秒的。

可是，这么努力的琪琪，最终还是在考研时落榜了。琪琪哭得眼睛通红，我们一时不知道怎么安慰她才好，只能说："你已经做得很棒了，一定是今年考题太变态！"琪琪破涕为笑："一起去吃火锅吧！没有什么是一顿火锅解决不了的！"我们当然答应了，几个人在火锅店大快朵颐，算是为琪琪疏导情绪了。

没隔几天，我们就听说了琪琪在自习室准备考研所付出的所谓的"努力"，这一切都让我们大跌眼镜。同院系的女生也在考研自习室备考，琪琪就坐在她的旁边，琪琪每天去得都不晚，走得也不早，但是原本应该紧锣密鼓的备考过程，其实不是我们想的那样。

琪琪每次去自习室的时候，都带着一堆小零食，手机和 iPad 也都随身带着，耳朵里永远塞着耳机，播放着最流行的音乐，有一搭没一搭地看会儿书后，琪琪就会觉得累了，这时她就会放松一下，刷微博，逛淘宝，甚至有时候还会追剧。更令人难以置信的是，琪琪居然在考研自习室喜欢上了一个男生，偷偷地给人家递情书，她的追求并没有得到回应，就像她的考研成绩一样。

在了解了琪琪的这些事情之后，我们似乎更不知道怎么安慰她了，因为有因必有果，考研失利完全怪不得别人。但是，琪琪又一次坚定地说，她要“二战”！语气还是像第一次一样坚定，只是这一次，我们都不愿意再相信她了。

果不其然，琪琪并没有如她所说的那样发奋读书，“一雪前耻”，依然不思进取，无所作为。她经常出去逛街购物，或者不停地更新朋友圈，传播着明星的各种八卦故事，我们再也看不下去了，都劝琪琪收心，好好准备“二战”，不然又要竹篮打水一场空了，但是琪琪却理直气壮地说：“如果这次再考不上就是我运气不好……”我们无言以对，看来，当一个人真的不思进取的时候，外界力量是无法改变的。

“二战”的结果当然还是那样，琪琪依然哭哭啼啼，但是这一次，没有人再主动上前安慰了，因为我们都已经明白，所有的安慰和鼓励都抵不过自己内心的坚定。真正能阻挡一个人前进的，并不是路上的困难，而是内心深处的不思进取。只有真正地决心踏出第一步，无论遇到多少挫折都不肯放弃，才可能有所成就。

小武上高一的时候，喜欢上了邻班的一个女孩儿，但始终不敢告白，因为他喜欢的女孩儿是很多男生眼中的女神，除了家境好，长相好，成绩也是出类拔萃。小武担心自己遭到拒绝，迟迟不肯开口。后来，在一次和同学的打赌中，小武鬼使神差地对女神说出了“我喜欢你”，一颗心正怦怦乱跳着等着回答的时候，没想到女神却十分淡定，只说了一句：“等你成绩追上我再说！”然后飘然而去，剩下小武一个人愣愣地出神。

小武的成绩基本徘徊在中游，有时候还会往下滑一点儿，要追上门门功课优异的女神堪比登天，但是小武想要孤注一掷，既然女神没有提出“山无棱、天地和、冬雷震震夏雨雪”之类完全不可实现的条件，那就证明他有希望了。

小武像打了鸡血一样无比兴奋，几个晚上都睡不着觉。小武开始重新拿起书本，认真地对待，他圈点勾画着每一个知识点，他不肯放过任何一道题，因为解决了一道就离女神又进了一步。就这样，半年多以后，小武竟然由年级四百多名的成绩突飞猛进到了年级前一百。小武终于重新找回了学习的快乐。

遗憾的是，直到高中毕业，女神也没有答应小武的追求，但是小武却脱胎换骨，成了另一副样子。小武不再混日子，而是永不满足于现状，不断地追求进步，追求更上一层楼。

毕业之后，小武在众人的惊叹声中，拿到了自己心仪大学的录取通知书，打开通知书的瞬间，小武眼圈有点儿红，他在心里感谢女神，是她的一句话让自己有了进步的动力。他也在心里感谢自己，因为自己不放弃努力，才能发生这么巨大的变化，而这些成绩，在今后漫长的人生旅途中，依然是一笔巨大的财富。

很多人都对自己当下的生活状态不满意，试图有所改变，但当面对荆棘密布的前行道路时，却又不思进取，这是对生活的不尊重，也是对人生的不尊重。

村上春树曾经说过："世上有可以挽回的和不可挽回的事，而时间经过就是一种不可挽回的事。"也许，不负光阴就是最好的努力，而努力就能成就更好的自己。不思进取的人，失去的是人生中最宝贵的东西。

▼

你的委屈，不值一提

“能够说出的委屈，便不算委屈”，这句话出自亦舒的作品《开到奢靡》，说得特别简单，又戳人泪点。是啊，生活在这个世界上，谁不会受点儿委屈呢？这样的人何止你一个？每个人都在自己的轨道上行进着，大家忙碌不已，奔波疲惫的皮囊下又是一颗怎样千疮百孔的心？何况，委屈说给任何人听都是对别人倾倒情绪垃圾，倒不如自己练就强大的内心，用更多的努力更大的决心去奋斗，搏一个更灿烂的未来。

夏夏是个成绩优异的大学生，做事有条理，因此得到了老师和同学们的喜欢和信赖，但是相处的时间久了，大家几乎都发现了夏夏的一个问题：她总是觉得自己是完美的，正确的，无论生活还是学习出现了什么问题，她都会认为是别人的错，而不是自己的原因，而且每次都哭个没完，这让夏夏的同学，特别是同宿舍的女生们，非常厌烦。

有一次，夏夏又趴在宿舍的桌子上哭得天昏地暗，任谁劝都没有效果，后来等她情绪平复点儿以后，才跟室友们说起自己满腹的委屈。原来她刚跟爸妈通了个电话，只是因为爸妈多嘱咐了几句就闹情绪了，夏夏说："他们对我的关心根本就不是爱，他们是控制我，我都多大了，还要问我每天早上吃的什么，晚上几点睡的，偶尔一次考不好就说我是不是最近懈怠了，简直完全不信任我……"边哭边说了很长时间，室友听得一脸蒙，这根本就不是事儿啊，但是在夏夏眼里，这样亲密的关怀就是对她不尊重和不理解，她简直太委屈了。

夏夏大概不知道，孩子孤身在外求学，见不到面的爸妈是如何担忧，又是如何望子成龙，望女成凤，为了孩子的吃喝拉撒，担心得睡不着觉。

当然，夏夏受的委屈不只这些，她在家的时候，爸妈总是换着花样地做饭，所以学校食堂里的饭菜自然是难以下咽，那么多人在一起吃饭又乱糟糟的，自己又常常抢不到位子，食堂的阿姨给人打饭的态度就像是打仗；这一切都让她难以忍受，还有教室里空调坏了，室友不小心弄洒了自己的沐浴露……诸如此类的委屈事满满一箩筐，好像身边的所有人、所有事都能触到她的雷区。

大学四年时间，夏夏从最初的讨人喜欢变得越来越让人敬而远之，到大学毕业的时候，夏夏突然觉得，自己似乎都没有交到一个推心置腹的朋友。毕业那天，大家在一起聚会聊天，夏夏却觉得莫名的孤独。也是从那天以后，夏夏的大学同学包括室友，都与她切断了联系。

有一次大学同学聚会上，夏夏没有参加，有同学提起了夏夏，大家纷纷摇头，谁都不愿意再跟这个总是抱怨生活，觉得全世界都对不起自己的人有任何交集了。

相比夏夏，对自己的委屈只字不提，咬牙挺过生活中所有困境的人，要显得可爱多了。

小筝小的时候，家境十分富裕，外公是一位离休的老干部，给小筝的爸爸妈妈都安排好了工作，衣食无忧的日子让小筝养成了养尊处优的坏习惯，学习也不够努力，成绩很差。可是天有不测风云，在小筝刚上高中的时候，爸爸妈妈双双下岗，爸爸炒股的钱也全赔了进去，而且就在这个时候，小筝的妈妈被查出患有严重的糖尿病，必须在家静养。

十几岁的小筝宛如遇到了晴天霹雳，生活一下子从天堂跌进了地狱。有一段时间，小筝的内心很纠结，她想不通为什么所有的糟糕事情都发生在她的身上，为什么命运给了她那么好的家庭，又要让这一切化为泡影。但是，这些想法只在小筝心头闪过，她并没有因此消沉下去，她不能让这个家庭因为她再雪上加霜。

小筝似乎一夜长大了，她就像变了一个人，开始拼命地学习，别人都回宿舍休息的时候，小筝也继续在教室里自习，她要把落下的知识全都补回来。那段时间特别辛苦，而且小筝每一次看到家里的状况就忍不住偷偷抹泪，但这也更加坚定了她好好学习，考上大学的决心。

虽然最终的高考成绩并没有十分理想，但是小筝还是考上了一所大学，这对于小筝来说，已经是难能可贵的事情了。

大学的学费问题又成了这个家庭里的新问题，家人向亲戚朋友借钱，想了很多办法，跑了很多人家，才借够了一个学期的学费和生活费。小筝看到家人们被人揶揄搪塞时的样子，无比心疼。她呆呆地看着家人给的钱，而后从里面把生活费那一部分拿出了一大半给了妈妈，她说，她上大学之后会想办法自己解决生活费的问题，让爸妈不要担心。最终在家人的担忧和牵挂中她一个人去了远方。

小筝到了大学日日省吃俭用，每个月的花费抵不上别人的一半，而且只要没有课，就去超市里做促销员或者到外面发传单。这些兼职大多是拼体力的，基本上都是一站就一天，到了晚上，小筝总是累得腿疼脚肿，但是小筝都坚持下来了。

后来，小筝又在大学生兼职群里找到了做家教的工作，因为小筝做事认真，对学生负责，有耐心，得到了家长的认可，于是小筝辅导过的学生的家长总是为她介绍更多的学生。就这样，小筝在不影响自己功课的情况下，赚到了足够的生活费，有时候甚至还能自己交一部分学费，为家里减轻了不少负担。

暑假结束返校的时候，小筝不仅没有向爸爸妈妈要钱，还给他们留下了两千块钱，小筝对妈妈说："这些钱用来给您支付医药费，您和爸爸也买点儿好吃的，补充一下营养！"妈妈看着这个已经长大了、懂事了的孩子，一边点头一边抹眼泪。

毕业之时，小筝作为优秀毕业生代表，在学校的毕业典礼上发言。她想到自己经历的这些变故，还有自己由幼稚迷茫变得稳重踏实的过程，意味深长地说："不管是学习，还是生活，我们难免会遇到一些挫折，此时的我们，可能会觉得自己太倒霉，很委屈，但是上天给你挫折一定有他的道理，努力过之后就会发现，你会很感激那个曾经不服输的自己！努力是唯一的出路，所有的委屈，都不值一提！"

有时候，我们看到自己眼前的困难如高山，却不知道唯有大胆地跨越才是出路。世界上的委屈有千万种，但是勇士从来不挂在嘴边。

▼

差不多的人生，真的差多了

生活中，我们常常听到这样的话，“差不多就行了，没那么讲究。”“差不多差不多，不用想那么多！”“差不多嘛，干吗那么较真呢？”……很多人的一生，似乎就是在差不多中将就度过。

每个人似乎都出生在差不多的家庭，有着差不多的智商与人生经历，接受了差不多的教育，成为差不多的人……但是，我想说，差不多的人生，真的差多了。

小的时候，我们总是被很多人问同样的一个问题，那就是“你将来想做什么”。我们的答案总是五花八门的，有人要当科学家，有人想成为宇航员，还有人想当官，或者当个画家、歌唱家。总之，每个人都不一样，但都有一个璀璨的梦想，都有一颗敢想的心。可是，随着我们的年龄增大，反而缺失了这种敢想的心，总是觉得，工作嘛，差不多就行，生活，过得去就行。

小淑是一家外贸公司的职员，工作了两年后，刚刚升了部门经理，却被父母安排回老家相亲，小淑违抗不得，只得回家应付。对方很普通，小淑并不来电，于是果断拒绝。小淑话音还没落，就被父母批斗了，无非是说："你还想要找什么样的啊？不就是有个人凑合着过日子就行吗？"小淑对这样的话已经免疫，根本无动于衷。

等小淑再回外地工作，父母的电话就没断过，一直催促小淑回家相亲，说又有一个条件很好的男生。几次下来，小淑被折腾得心力交瘁。

后来，相亲相得多了，小淑也渐渐变得麻木了，她想自己大概一生都找不到心仪的人，为什么还要这么折腾自己呢？小淑终于在第八个相亲对象那里终结了单身状态，既然两人"情投意合"，结婚的事自然也被提上了日程。

结婚后的小淑回到了老家，过起了大家都在过的生活，日子平淡如水，直到小淑遇到了一个男人。毫不夸张地说，小淑还没有搞清楚那个人叫什么名字的时候，就已经心动了，她原以为自己已经沉寂的心，现在却为那个男人怦然心动。

在痛苦与挣扎中，在经历了无数次试探，一次彻夜未归之后，小淑对丈夫提出了离婚。她说：“我不想要差不多的人生，相亲的时候，结婚的时候都是在将就，我现在不想了。”

最终，小淑也没有跟外遇的对象走到一起，但是她却真的结束了那段仓促又将就的婚姻。小淑并不后悔，她说：“一个人生活，胜过两个人将就着过日子。”

孟非曾经在《新相亲大会》上说过这样一段话，“我们在生活中太容易见到男男女女，形形色色却都差不多，差不多的年纪，上了差不多的学校，进了差不多的单位，挣了差不多的钱，去了差不多的整形医院，整成了差不多的脸，买着差不多的包包，跟男朋友提着差不多的要求，在差不多的年纪结了差不多的婚，生了个差不多的孩子。”听的人莞尔一笑，却没有体会到其背后的深意。

每个人都渴望打败平庸的自己，过不一样的生活，却又陷在当下的环境中不肯脱离。

杜康是典型的“差不多先生”，什么都能凑合。家里没有水果的时候，杜康的态度是不吃就好，没有蔬菜的时候，也是一样不吃就好，最后连米面馒头之类都没有的时候，去爸妈家将就一顿就好，反正就是加双筷子的事儿。这是已经毕业好几年的杜康的真实生活状态的冰山一角。

杜康也想过，要靠自己的能力改变现状，他想要创造财富，于是把仅有的几万块钱买了股票，结果被牢牢地套住了。杜康很郁闷，但是他想，反正不至于饿死，没关系，过一段时间也许就好了。

日子过得越来越捉襟见肘，杜康向身边的人讨教，怎么才能赚更多的钱，让生活品质提升一些，身边有人劝他做网上兼职，一边兼职一边炒股，两不耽误。可是杜康不会，他央求朋友帮忙，从在网上搜集信息，到发送简历获得面试机会，杜康都没有参与，全部是朋友替他搞定的。可是，杜康兼职做了没两天，就觉得这份工作又枯燥，又累人，他果断辞掉了。算了，杜康想，人生不如意十之八九，倒不如及时行乐来得痛快。于是，杜康半躺在床上，拿着手机打起了网游。

日子就这么一天天溜走，杜康的生活不仅没有任何改变，甚至比之前更糟了，只是浑浑噩噩地度日。

杜康并不是什么坏人，但是这并不是一个正常人该有的样子。一味得过且过，对生活的要求太低，那就完全谈不上生活质量，更谈不上梦想和追求。杜康当然也不傻，但是他习惯了不操心、不追逐，觉得差不多的人生足矣，却不知道这种生活观从里往外地侵蚀了他，吞没了他。

谈恋爱的时候，不是没有发现对方的问题，但总以为爱情都差不多，不能尽善尽美，于是选择将就着继续，后来才发现所托非人。结婚的时候，没有买自己喜欢的那套婚纱，而是随便租了一套，认为婚礼不过是走个过场，差不多就行，结果在人生中本该最美的那天，却发现衣服背后跳了线。觉得衣服质量差不多就行，于是放弃了那件高档的，选择了热销款，结果没多久就起了一层毛球……

类似的情况在生活中比比皆是，“差不多”的人生从表面上看，总是与节俭、不挑三拣四、凡事好商量等优良品质相关，似乎是很难得的，但是这样的生活带给我们的是什么呢？是越来越懒散，越来越拖沓，越来越没追求，是长年累月不变的妆容、发型、生活习惯，或者是一个面目可憎的恋人。

我想说的是，无论是爱情也好，生活也罢，一定不要有差不多就行的心态，让积极进取的思想主导生活的每一个细节。勇敢追求，向“差不多”的日子说“NO”，这才是这个时代最美的声音。

▼

妥协的人生，不妥当

生活中总会遇到难以逾越的坎坷，很多时候，成功就在对岸，我们却觉得和对岸隔着浩浩荡荡的江水，而经历了长久的跋涉，疲倦极了的时候，总会忍不住想：为什么要对自己这么狠呢？在岸这边也不是过不下去。于是，我们停下了，不再幻想对岸的繁华世界，任凭自己在妥协中过着看似安逸的生活。

高晓松曾经有一句话深深地触碰到很多人的内心，他说："生活不会因为你的妥协就对你友好一点儿。"

在电视剧《何以笙箫默》热播的时候，很多人都被何以琛的深情所打动，最让我动容的是他说的那句台词"我不愿意将就"。无论是爱情也好，还是其他，"不将就"的态度就是对生活说"我不妥协"，我喜欢这种霸道的自白，也喜欢这种不服输的硬气。

有一段时间，我一直被身边的一件与我不相干的事烦恼着。说与我不相干，是因为这件事发生在我一个朋友的姐姐身上，说让我无限烦恼，是因为我实在看不惯朋友姐姐的做法，恨不能把她拉到身后，替她解决人生中那些糟糕的问题。

朋友的姐姐叫小颖，是典型的中国式贤妻良母，虽然只有三十五六岁，但是思想相当保守，她把自己的所有精力和时间却花在相夫教子上，还一副“我愿意无私奉献”的自豪模样。我们见过几次面，哪怕是朋友刻意地约她出来逛逛街吃吃饭，她都一会儿一个电话，关心着上初中的孩子的学习情况，常年在外出差的老公有没有受凉感冒。贤妻良母，是我对她最初的印象。

就在几个月前，我从朋友那里得知，小颖家里发生了变故，她的丈夫出轨了，而且跟那个女人已经交往了三年，据说还有了一个孩子。在表达了深深的同情之后，我问朋友：“那你姐姐现在肯定很崩溃，你要多安慰一下她，帮她出出主意！”朋友无奈地说，她都要替姐姐急死了，可姐姐那边只知道傻眼，却丝毫没有解决这件事的头绪。

那天晚上，我跟朋友聊了很多，为小颖想了很多办法，甚至罗列出了自己认识的精通法律的一些同学和朋友，想着可能会派上用场。

接下来的几天，我也十分关注小颖的动向，听朋友说，她去了她老公所在的城市，但是并不是去兴师问罪，而是向老公求情，求老公跟那个女人断了联系，重新回归家庭。理由当然是孩子已经那么大了，两人结婚时间那么长了，一日夫妻百日恩之类的，老公没有承诺什么，也没有表态，小颖只好又灰溜溜地回了家。

我实在不愿意去想，一个女人在最亲密的爱人面前低声下气地挽回对方是多么不堪的画面，我更为小颖的没有自我而心痛。

没过几天，朋友说，小颖再提到老公的时候，不再哭哭啼啼或者愁眉苦脸了，反而是一脸的同情和心疼，因为小颖说，老公只是犯了天下很多男人都会犯的一个错误，他并不是真的不爱自己，只是被那个女人缠上了而已，老公也很烦恼的。我一脸黑线，心想这个男人真没良心，但是这么蹩脚的说辞，小颖居然就信了。而且小颖说，她和丈夫已经想好了对策，要一同对付那个可恶的女人。

我瞪大了眼睛，听着朋友咬牙切齿地说："他们居然要假离婚！"小颖的老公提出要假离婚，理由是第三者缠着他不放，必须让他离婚才肯让孩子跟他见面，小颖的老公称假离婚就是为了稳住第三者，好有机会见到孩子做亲子鉴定，只要证明这孩子不是他的，他们就可以撇清关系，原来的好老公就能回到小颖身边。

“这是什么鬼逻辑！”我忍不住喊出来，朋友也是气得吹胡子瞪眼，她说，他们全家人都在做姐姐的工作，让她清醒，不要随便相信对方。

后来，事实证明，小颖老公所保证的一切都是假的，只是为了跟小颖离婚编的谎言。

朋友跟我说了真相之后，我原以为小颖这一次一定忍无可忍，他们的婚姻大概要走到尽头了，但没过几天，就听说小颖已经跟老公去了他出差的城市。老公在家人施加的压力下，言不由衷地向小颖认了错，但是私底下却跟小颖说，这一切的错误都是小颖造成的，自己常年在外出差，小颖却从来没有去看过他，对他的关心也不够，所以才走到了出轨的那一步。小颖当然马上就意识到了自己的错误，当即保证，以后好好陪在老公身边，寸步不离。

事情已经过去几个月，我再也没有打听关于小颖的事，至于他们的婚姻走向如何，以后会是什么样的结果也无从得知。但是这件事却变成了我心里的一根刺，每次想起都隐隐作痛。

无论是男人还是女人，无论面对什么样的情况，太容易妥协的人往往得不到幸福，懂得取舍的人才是真正的聪明人。

生完小孩儿以后，小莫的肚腩就出来了，她的小蛮腰从此一去不复返，每当低头看到自己丰满的肚子，小莫的心里都莫名难过。她说："为什么那些明星生完孩子以后能迅速恢复，而我却不行呢？"老公揶揄她："明星吃啥，你吃啥？明星吃多少，你吃多少？明星做多少运动，你做多少运动？"

小莫撇撇嘴，下定决心要改变，她觉得这事儿没有那么难，别人能做到她肯定也能做到。既然要减掉肚腩，最直接的方法就是仰卧起坐了，这个不需要器材，不需要跑去健身房，在家就能实现，她开始信心满满地在微信朋友圈里打卡：仰卧起坐第一天，向小肚腩宣战！宣战之后，大家纷纷给小莫点赞，鼓励她坚持下去。

坚持了不到半个月，有朋友过生日，约小莫庆祝，因为玩的时间长了点儿，回家的时候就有些晚了，小莫洗漱完毕，趴床上就睡。第二天早上起来，脖子落枕了，疼得没法转动。晚上再做仰卧起坐的时候，发现不光脖子疼，腰也疼，屁股也疼，"算了吧，就两天而已"，小莫想着，又一次放弃了，接下来就是第三次、第四次的妥协，直到放弃了减肥的想法，任由肚腩野蛮生长。

这件事以失败告终对小莫来说其实不难预料，因为这跟她当初学素描的过程如出一辙。脑子里想的是要勤勤恳恳，哪怕手腕僵了、手指肿了都要坚持下去，但真正做的时候却十分轻易地说了放弃，因为太累了、太枯燥了，她妥协了。

小莫也尝试过写作，想自己运营公众号，当个业余写手。公众号开通之后，发表了三篇文章，小莫就更新不下去了，不只是因为一开始没有粉丝关注，更多的是因为小莫不愿意花时间研究话题，寻找素材，她觉得这些事太烦琐、太操心了，于是公众号停了。至于让小莫觉得不操心的事是什么，她自己到目前也没有找到。

小莫的生活当中，多得是这种半途而废的事，因为懒、因为累、因为无趣、因为不赚钱，任何一点儿困难都能让她举起白旗。

当一个人对自己内心的追求不够坚定的时候，那么他做的所有事，最终就只有一个结局，那就是妥协，而妥协只会造成一个结果，那就是失败。

▼
日子就是要认真过的

有一年我到南京出差，刚好有一位老朋友在这座城市工作，我便约她出来吃饭。饭后离我飞机起飞的时间还有很久，她便邀请我到她的出租房里去坐坐。

朋友租的房子在一个老弄堂里，外墙斑驳，看起来非常陈旧。我心想，在哪儿打拼都不容易啊。可朋友打开她家的门之后，我却惊呆了，我们似乎步入了一个世外桃源。首先是一阵醉人的花香扑鼻而来，接着映入眼帘的是一座姹紫嫣红的小花园。穿过花园，走几步就是正房。

室内的家具、壁纸都是淡雅的颜色，象牙白的小沙发上放着两个奶油绿的抱枕，沙发前是一个木质的米色茶几，茶几上摆放着水壶和插着几支雏菊的简易花瓶。窗户旁边放置着一张小桌子和两把藤椅，藤椅旁边安装了一个简单的小书架，上面整齐地码放着各类书籍。

厨房也被朋友打理得洁净、整齐，阳光透过窗户散落在铺着浅绿碎花桌布的餐桌上。

卧室是小小的一间，以浅蓝色调为主，地上铺着厚实的地毯，靠床的墙壁设计了一面照片墙，旁边是一个小小的写字台。

天啊！朋友的住处太完美了，简直令人叹为观止。

我说："这些都是你自己设计、布置的吗？"

朋友说："是啊。"

我问："可是每天工作那么忙，你是怎么抽出时间来的？感觉这是一个大工程啊。"

朋友说："这事不是一蹴而就的，从我住进来就开始做了。下班早的时候或是周末，我就去市场逛，看见喜欢的就买回来，今天买个花瓶，明天买个书架，日久天长，就把房子装饰成今天的模样了。看起来是个大工程，可是每天都在做就不觉得有什么了。"

我又问："可是你才入职两年，应该没有多少积蓄，这些看着要花不少钱呢。"

朋友解释说："这些东西也不都是贵重的，有很多都是我DIY的，还有的是我从旧货市场上淘来的，院子里的月季花和花盆里的绿萝、茉莉，都来自隔壁的阿姨，像那月季就是她给我的她家月季花的老枝扦插后成活的。”

一边说着，朋友又拿来咖啡机开始煮咖啡，她这精致的生活令我羡慕不已。

“当然，像沙发、小冰箱、咖啡机这些，都是我获得奖金后犒劳自己的。这个沙发我早先逛宜家的时候就看中了，后来我负责的项目业绩出色，拿到了一笔奖金，我就把它拿下了。我发现为了打造我的这个小家，我每天工作动力都特别足呢！”朋友一脸满足地说。

看着朋友眉飞色舞地为我介绍她是怎么一点一滴地打造她的小家的，我感觉她是真的享受其中。

刚入职场两年的朋友，工作很忙碌，薪水也不是很高，可是她的生活依然井然有序，丝毫不显狼狈。即使家里只有她一个人，她也非常认真地生活。

可我还是有点儿担心，我说：“可这房子不是自己的，万一哪天你需要搬家了，这些努力不是都付诸东流了吗？”

朋友毫不在意地说：“不会啊，我喜欢的家具都可以搬走嘛，搬不走的，我可以在新的住所重新布置啊。难道因为咱们租房子住，就可以去将就生活吗？我把这里布置成我喜欢的样子，舒服、高兴的是我自己啊！”

她的话警醒了我：很多时候，我们抱怨在异乡打拼过得怎样艰辛，抱怨租住的房子怎样狭小、简陋、肮脏，其实这些我们是可以凭借双手改变的，可我们不愿意去改变。是我们自己选择了消极、狼狈的生活方式，又有什么资格抱怨生活呢？

如果生活态度不积极，没有生活情趣，对生活没有顿悟，即便住上大房子，也未必能过得有滋有味。

朋友还说，她平时很喜欢自己做饭，即使一个人也不草草了事，一到周末就对着菜谱研究新的菜式，现在她的烹饪水平已提高了很多，过年回家都可以给家里准备年夜饭了。

朋友的生活态度值得我们学习，她并不把租来的房子当成一个睡觉的地方，而是当作家来打理，她也愿意为一个家买单。

她把墙纸、家具、窗帘、地毯都换成自己喜欢的样子，在这样一个小家里，她身心愉悦，精神状态好，工作效率也高，为了把家变得更理想，她还有上进的动力。她认真对待了生活，生活也在源源不断地回馈她。

咖啡煮好后，我俩坐到窗边的藤椅上，一边喝着咖啡，一边继续闲聊。

我又问她："你怎么好像什么事情都会做，能煮这么棒的咖啡，还会扦插月季花？”

朋友笑着说：“我之所以这样热爱生活，还具有这么多生活技能，主要是因为我妈妈。小时候我家里条件特别不好，我们一家三口睡觉、吃饭都在一个房间里，你能想象吗？可是即便这样，我妈妈也把房间收拾得干净整洁、温馨雅致。我虽然没有什么新衣服穿，可是我妈妈会用她那双巧手给我编漂亮的发辫，把我收拾得干净利落。妈妈还会在院子里种上各种蔬菜和花草。小时候，我家有各种各样的花，我的同学都很喜欢来我家里玩。而且我妈妈会做一手好菜，简单的食材能被她烹调得有滋有味。所以，虽然我家很穷，可我从来没有自卑过。相反，到现在我都很怀念那时的小家。

“我听别人说，心中有田野，就处处有诗意，我觉得我妈妈就是一个心中有田野的人。她教会我日子就是要认真过的。”

那个静谧的下午，我和她一起窝在藤椅上，享受着温暖的阳光，那几个小时的时光，我想我一生都难以忘却。

我们大多数人都是平凡世界里不起眼的小角色，我们没有可以随意挥霍的财富，我们也不能随心所欲，但现实的压力不应该成为我们把生活过得有滋有味的阻碍。只要你愿意，你随时都可以让自己的生活鲜活起来。

所以，抛开一切烦恼和不如意，在力所能及的范围内，为自己的生活投入足够的热情。认真去过日子，你会发现，日子能在黑暗中发出光来。

▼
每一场离别，都是生命的拔节

并不是所有的故事都有圆满的结局，没有人能一生伴随在你左右，人生中的每一场离别都是一次成长的历练。当我们学会在告别之前珍惜，在告别之中坦然，在告别之后铭记，那这一生，就不白过。

二〇一六年，走过百年岁月的杨绛先生溘然长逝，人们一片唏嘘：杨绛先生一家三口终于在天堂团聚了。

杨绛先生发自内心地、不顾一切地爱着这个三口之家，她称自己的女儿钱瑗为“一生最好的作品”，丈夫钱钟书只顾着搞学问，以至于家中的灯泡坏了需要等杨绛先生修，衣服脏了，也要杨绛先生催促才会换，但是杨绛先生依然爱这个家，因为家里有“我们仨”，还有什么比夫妻两个钻研艰深的文学命题，身旁是天真可爱的孩子这样的画面更温馨美好呢？

•

可是，这样的美好也始终要上演离别的一幕。一九九七年，杨绛先生的女儿去世，杨绛先生悲痛难当，之后，钱钟书也驾鹤西去，杨绛先生在《我们仨》中写道："世间好物不坚牢，彩云易散琉璃脆。现在，只剩下了我一个人。"字里行间我们不难看出杨绛先生在失去女儿和丈夫之后沉浸在巨大的痛苦之中，但是面对这样的离别，人又能做些什么呢？

钱钟书离世之前，一直牵挂着自己的书稿，他还有很多没有面世的作品，临终前，他抓着杨绛先生的手，眼睛里满是不安，杨绛先生一字一顿地对他说："你放心，有我。"钱钟书这才放心地闭上眼睛与世长辞。当时已经年近九十岁高龄的杨绛先生，在接下来的日子里接力一样地将钱钟书未完成的书稿一一整理出版。我想，这对离别来说，是最好的再见方式吧！

上天不会将所有的幸福都集中在一个人身上，也不会让所有的快乐不掺杂任何烦恼和忧虑，没有永恒的陪伴，没有不散的宴席，只要我们客观地面对离别，认真地说再见，光阴的故事就会留在我们心间。

二〇一七年，一个人去电影院看《前任3》，那时作为一个单身女青年，我原本以为自己不会受到什么伤害，但是看着身边的情侣，听着电影院里的人轻声哭泣时，我的心里还是翻涌如潮。电影讲的就是寻常的恋爱故事，不过是青春回忆里的一场离别而已，每个人都可能经历过或者见证过，原本以为可以淡然地一笑，但是当《说散就散》的歌声响起，我还是落泪了，我想，那个时候，可能很多人心头都涌上了酸楚的回忆。

电影的前半部分有很多笑料，让人想到恋爱时的一些无聊甚至无厘头的小故事、小插曲，人们在电影院里放肆地笑，但是后半部分就转为伤感的基调，我的身边也开始有了抽泣声。故事中的人物跟每一对恋爱中的人一样，有如胶似漆的时候，也有互相埋怨、伤害，甚至互相折磨、攻击的时候，等到他们的关系渐渐出现了裂缝，甚至坍塌的时候才发现，那个说了再见的人，再也不会回来了。

孟云和林佳分手以后，各自悲伤，一个在人流拥挤的广场上戴着紧箍咒大喊“我爱你”，一个在昏暗狭窄的房间里吃杧果吃到过敏，泣不成声。那一幕，让人看得心疼。可是，已经分开了的就是分开了，爱是没有错的，分开也没有错，但是，曾经在对方的生命中不可或缺的人，就那样成了陌生人。

看电影的时候，让我想到自己的比这样的分手更让人难以接受的经历。当你想要拥抱对方的时候，他表现出的是抗拒；当你幻想着下一顿饭为他做什么美食的时候，他想的却是什么时候跟你吃最后一顿饭；当情人节你因为收到了礼物而到处炫耀的时候，对方想的却是送一份礼物以纪念那些相爱的日子。

那一天，我们在车站分开，我笑着跟他挥手，因为不久后他就又会来看我，我对生活充满了美好的想象。但是，从此以后，他再也没有出现，仿佛一阵清风，吹过来，又吹过去，没有留下任何痕迹。

那是一种无力挣扎的痛苦。茶饭不思的日子，歇斯底里的日子，辗转难眠的日子，都是拜那猝不及防的分手所赐。但是当我安静下来的时候，我在想，如果他郑重地跟我告别，向我说明分手的原因，或者是非常有仪式感地带我重新走一遍我们走过的路，吃我们最喜欢的小吃，或者带我去最热闹的游乐场，可是那又有什么意义呢？那样的分手就会显得美好一点儿吗？我的痛感会变得钝一点儿吗？

答案当然是否定的，离别原本就是痛苦的，强行让它看上去美好又有什么意义呢？

我为电影中孟云和林佳的爱情伤感，但是爱情就是这样的，分分合合是常态，由柔情蜜意转为冷冷清清也是常态，面对走到终点的爱情的最好态度并非歇斯底里，而是认真告别，从此做一个更好的自己，去遇见另一个更好的人。

记得在一场综艺节目当中，看到了很久不露面的歌手朴树，他抱着吉他的样子一如多年前的少年，但是不难看出他脸上的沧桑。音乐响起，他唱起《送别》，还是一样的声音，却有了不一样的情怀，他的脸上似乎没有什么表情，但唱到一半却哽咽起来，最后甚至掩面痛哭。

“一壶浊酒尽余欢，今宵别梦寒”，词作者要经历多少分别与历练才能写出这样令人肝肠寸断的句子！也许有人不解朴树的“失态”，但是我明白，他的心里一定是涌上了无数的情绪，想到了无数的离别场景，想到人间不得不经历的离别。

天地仿佛熔炉，所有的人都在里面苦苦煎熬，当你一路放肆地奔跑，不停地与身边的人说再见，那是为了奔向更好的远方，是为了更诗意的未来，是为了成为一个更好的自己。

第三章

再大的风雨，
也阻挡不了狂奔的脚步

▼

你努力的样子，真可爱

很多时候，一个人的魅力不在于他的外表是什么样子，有多少花里胡哨的修饰，或者多么成功，多么有权势地位，而在于他永远积极向上，永远不停歇地努力着。一个不停努力的人，灵魂是有香气的。

我的朋友圈里有很多努力的人，最让我欣赏和觉得望尘莫及的，不是有了丰富的人生阅历或者尊贵地位的所谓“成功人士”，而是一个普通的90后女孩。

女孩的微信名叫“月亮”，我觉得特别好听，使一直称呼她为月亮。月亮是一家图书出版公司的编辑，她最大的爱好就是囤书、看书。每次月亮更新朋友圈，不是读书心得，就一定是最近囤书的目录和看书的进度。有时候我在她的朋友圈里看到她的读书心得或者好书推荐，即便读过的，也总是想再买来细细地读，总觉得自己以前读书读得很应付，应当使劲儿啃个几遍才对。

我实在惊叹于她的读书量，有一次便在微信上问她："你怎么读书读得那么快？又要上班，又要读书，你的时间都是从哪里挤出来的呢？"她给我发了一个可爱的表情，说："我每天早上五点起床啊！雷打不动啊！""那你几点睡呢？""十一点。也基本是雷打不动。"我不是喜欢赖床的人，但是我也知道一年四季五点起床对于很多年轻人来说并不是件容易坚持下来的事。月亮说，每个人的时间大概相等，如何变得不一样，就取决于如何充分利用自己的时间，每天这样的作息并不会影响到她的身体健康，反而让她变得越来越自律，越来越喜欢自己。

除了读书，我还了解到，月亮坚持做的事情太多了，比如，她坚持做手账，将自己每天的工作和生活记录下来，有时候是一篇短小的随笔，有时候则图文并茂；她每天都要走一万步，无论阴晴雨雪；她每天都至少练字半小时，写完的字帖一本又一本，已经积攒了厚厚的一摞……

月亮养了一只猫，给它起名叫老虎，每天晚上月亮在读书写字的时候，老虎就在旁边静静地陪着，我没有真的见到过老虎陪着她的样子，但是光看月亮的朋友圈就可以想象那美好的场景了。月亮从来不在朋友圈里晒自拍，但是没有见过月亮真人的人，只看她的朋友圈就足以被她吸引，我们完全可以想象她读书写字时认真的样子，那必是无比可爱的。

月亮年龄不大，但是工作很有劲头，学习的动力也十足，我相信，今后的月亮一定有越来越好的未来，因为在通往未来的每一天中，她都付出了全身心的努力。

景文最喜欢的一部电影是《美丽心灵》，电影中普林斯顿大学教授马丁与约翰·纳什教授有一段对白：

他们消失了吗？

没有，并且可能永远都不会消失。

与精神分裂症斗争多年的约翰·纳什教授轻描淡写地说出这句话，但每次看到这段对白，景文都无比感动，因为这让他想到自己的奋斗经历。

景文从小就有口吃的毛病，每次在别人面前讲话都结结巴巴说不明白，他很努力地练习，但仍然没办法将自己的想法用语言清晰流利地表达出来。也因为口吃的毛病，景文不愿意开口练习英语，所以从上学的时候起，英语就一直不好。

上大学以后，景文要参加英语四级考试，生性要强的他却发现这简直是一道难以逾越的鸿沟，因为自己的英语基础太薄弱，四级考试的试卷他有很多地方都看不懂，更不用提什么阅读、听力训练。他想，先把落下的单词补上来，于是他开始了每天泡图书馆的日子。只要没课，景文就在图书馆里看英语，一遍一遍地圈点勾画，一遍一遍地抄单词，一本厚厚的词汇书被景文翻了十来遍。景文顺利地通过了四级考试，后来又通过了六级考试。

景文大二的时候决定要出国留学，四六级顺利考过之后，更大的难关是雅思。景文在中文表达上的问题都一一出现在了英语口语上，为了过这一关，景文每天早上都来到教学楼前的湖边，一个人对着空气练口语，为了克服口吃，他在嘴巴里含着小石子练，没过多长时间，校园里就传开了：有个呆子每天早上在湖边喊，也不知道喊的是什么。景文对这些丝毫不放在心上，他只知道，这种人生处处受限的感觉真的不好，他只想解决掉自己的问题，实现自己的留学目标。

后来，景文参加了一个英语口语培训班，他能听懂老师的话，也知道怎么对答，但就是没有办法流利地说出口。他一着急就浑身冒汗，手脚冰凉，很多次，他急得几乎掉眼泪。外教老师不断安慰他，景文也不断地鼓励自己：这么长时间的努力不能白费，而且摆脱掉口吃不仅对学习是必要的，对今后的实际运用也是非常必要的。

景文顶着巨大的压力，强迫自己开口，哪怕说出来的只是断断续续的词组甚至是单个的单词。每次会话课，景文都提前写好发言的内容，自己在湖边练，课上的时候以最大的努力说出最多的句子，慢慢地，景文从最初的只能说出单词、词组，到后来能说简单的句子，虽然他的语速很慢，但这一句足以令他手舞足蹈。

努力的意义是什么？不就是改变现状吗？哪怕在别人眼里，这一点儿改变是微不足道的，可对自己来说已经无比珍贵。

如人所愿，景文通过了雅思考试，顺利地出国。在国外，景文遇到的难题更多，一个完全陌生的环境，完全不同的语言，还有挥之不去的口吃阴影。景文每次觉得孤独艰难的时候，就在夜里狠狠地哭一场，然后第二天继续早起练习口语。

经历了漫长的自我折磨，景文终于能说出连贯顺畅的语段。后来景文进入了奢侈品行业，做了奢侈品行业的数据分析师，因为需要经常和客户打交道，景文经常需要进行演讲，虽然他的语言表达能力仍有瑕疵，但是，当景文把演讲的内容做到极致的时候，客户们基本选择忽略这些瑕疵。

景文说，虽然几年来他的进步很大，但是口吃并没有离他而去，然而这些都不再会是景文成长路上的困难，他已经选择了坦然地接受和面对。

在我们的生活中，虽然困境一直在，但只要不停努力，生命终将绽放灿烂的光芒！

▼

越努力，越幸运

有这样一些人，每当看到身边的人取得了一定成就，就会生出一些忌妒和不平：明明我也很努力，为什么我不是幸运的那一个？努力不努力，只有自己知道，主观上认为自己很努力和真正脚踏实地地做事，是有本质区别的。不要老觉得自己不够幸运，很可能是努力得还不够。

小雨和小月是同时进到一家公司的实习生，后来，小雨提前一个月转正，小月心里总有些不舒服，她认为那是小雨的运气比较好，而且小雨分到的小组的组长也更有能力，小雨得到了很好的培养。

半年之后，公司进行考核评比，小雨被评为“优秀新人”，并获得了公司发的两千元奖金，而小月什么也没有。年终的时候，小月偷偷地问小雨发了多少年终奖，没想到小雨的年终奖足足比小月多了一倍。小月积攒了很久的不满和怨气终于爆发，她气冲冲地找到自己的领导，质问道："为什么我跟小雨同时进公司，她能提前一个月转正，被评为'优秀新人'，连年终奖都比我多一倍？凭什么她那么幸运？"

领导示意小月坐下，然后问道："你还记得有一次我让你去接一个客户吗？"小月疑惑地说："接客户跟小雨有什么关系？""我也安排小雨去接过一次客户，想知道她是怎么做的吗？""怎么做的？不就是打车到车站或者机场把人接来就可以吗？""她提前查了当天的天气，天气预报显示那天有雨，她准备了雨伞，而且同行的几个人中有一位女士，因为担心雨天路滑，小雨还特意准备了替换高跟鞋的平底鞋。""她只是细心而已，这就足以让她超过我那么多吗？""她提前给客户定好了酒店，并把公司的简介和做过的几个具有代表性的项目资料整理好，作为客户了解我们的第一手资料。另外，她提前用邮件确定了对方这几天的行程，提前约好了会议室，并且通知到了相关对接人，还安排好了会议记录人。""我知道她做事很周到。""她连客户来的这几天的一日三餐都安排好了，带着他们吃遍了本地的特色美食……"

领导说起来滔滔不绝，嘴角带着得意的笑容，那笑分明是说："有这样的员工，我真是太知足了。"小月也想起了自己接客户的经历，打了车去车站，接回来之后就去了公司，客户个个拿着大包小包的行李无所适从，还是小雨看情形不对赶紧定好了酒店，先带客户去办理好入住手续，才开始正式地谈工作。但是时间已经耽误了不少，给客户留下的第一印象着实不太好。

人与人之间的差距不是与生俱来的，而是后天努力与否的结果。你越努力，就越优秀，就像飞机的头等舱和所有的VIP通道，只有你足够努力和优秀，才能享受到完全不一样的优厚待遇，有人说那是幸运，其实是实力。

李桑是一家大型信贷公司的老总，手底下有几十个分公司，员工两千多人。有人说，李桑是个幸运的人，因为他抓住了信贷行业最火热的时候起步，没有吃多少苦就起来了。但是只有李桑知道自己创业时的艰辛。

李桑创业的时候，身边没有别人，只有一个发小儿跟他一起干。虽然跟银行的合作都谈好了，但是李桑的公司没有名气，没有客户上门，李桑愁了好几天，每天晚上都难以入睡。在一个睡眼惺忪的早上，李桑突然想起来，他们公司作为一个新入行的团体是完全没有知名度的，但是他可以想办法让公司的名字传播出去。于是，李桑决定开始行动。

但是李桑的创业资金不多，他不能大张旗鼓地做广告宣传，于是，他决定用最传统也是最笨的办法做广告——发传单。

李桑先印了两万份传单，然后将公司周围五公里范围内的所有小区和店铺做了一个统计，将这些信息列表后，他开始发传单，发了三天后，李桑的脚肿了，他第一次知道，原来走路爬楼梯会这么累。虽然这么辛苦，但李桑的电话却毫无动静，他想，这只是个开始，他需要更大范围地宣传。

于是李桑每天早上四点钟就起床，骑着电动车，带着传单在各个小区里穿梭，每发完一个小区，李桑就在那张密密麻麻的清单上做个标记。后来，李桑的发小儿也开始早起跟李桑一起干，甚至李桑的父亲看到儿子这么坚持和努力，也帮他一起发传单。就这样，李桑加印两万份传单，又加印两万份……最终将传单铺遍了目标小区和商铺。在一个周六的下午，李桑接到了第一个客户的电话，他压抑住内心的激动，尽量平静地给客户介绍业务，直到半个月后，这个客户才真的成交，客户对李桑的工作态度很满意，虽然这笔业务李桑只挣了几百块钱，但是他看到了努力带来的希望。

李桑想，目前对他来说最省钱也最直接的就是发传单，公司的名字必须一遍又一遍地出现在可能成为客户的人群面前，于是，他又雇了两个兼职员工，一起帮着发传单，走访客户。

接下来的两个月，李桑又做成了两笔业务，李桑觉得开心极了，正好赶上过年，他把赚来的钱拿出一部分分给了三四个员工作为年终奖。他说："虽然我们刚刚起步，这段时期很困难，但是很感谢你们都那么相信我，年终奖虽然不多，但是代表着我对大家的感谢和对这份事业的坚持。"

在李桑的不懈努力下，公司接的业务越来越多，更多工作人员也开始慢慢加入这个大家庭，李桑在成立公司之后的一年时间里只休息了两天，一天是腊月三十，一天是正月初一。亲朋好友拜年的时候，李桑还不忘了宣传自己的公司业务。

皇天不负有心人，李桑的事业越做越大，广告投放越来越多样，资金的投入也越来越多，但是李桑总是说，始终忘不了当初那种最笨最累的方式，因为那种苦更让他觉得今天的一切来之不易。

一个人成功与否，也许很难界定，但是一个人是否努力，却是显而易见的。所以那句说了很多遍的心灵鸡汤"越努力，越幸运"，我是完全相信的。

▼

愿未来的你，感谢现在的自己

“种豆得豆，种瓜得瓜”，这句俗语被很多人挂在嘴边，但不是每个人都能领会它的真正内涵。我们种下的如果是努力和坚守，收获的就一定是辉煌和喜悦；如果是懒散和怯懦，收获的一定是庸碌和痛苦。没有人的成功是随随便便得来的，你的每一份付出，都记录在你的人生旅途中，见证着你的成长与蜕变。

周杰伦是众多80后、90后的青春回忆，尽管现在的周杰伦已为人夫，为人父，但他依然是很多人心中华语乐坛的领军人。周杰伦曾经在一次演讲中说：“周杰伦的时代永远不会过去。”为什么他有自信与魄力说出这样的话？我想，那是因为他的能量之强大是有目共睹的，在信息极速爆炸、流量明星如雨后春笋般更新换代的时代，周杰伦的勤奋与踏实是娱乐圈里的很多浮华之辈望尘莫及的。

周杰伦并不是传统意义上的帅哥，但是，总是有人说："周杰伦年纪越大，好像就越有味道了。"周杰伦的"味道"大概不是俊秀的外表或者有层出不穷的话题，在他的个人发展史上，似乎很少有人关注他采用了什么样的营销方式，人们记住的是《听妈妈的话》里传递出来的温情，《青花瓷》里的中国风，以及亦刚亦柔的曲风。

周杰伦曾经在一次采访中说，他四岁的时候就可以连续弹两个小时钢琴，让一个四岁的孩子连续两个小时一直集中注意力是很困难的，所以周杰伦的妈妈就拿着藤条站在他的旁边。周杰伦说，现在想起来，他都一直感谢妈妈，因为在妈妈的严格管理下，他才能有后来的成就，这也培养了周杰伦勤奋努力的习惯。

或许，随着时间的流逝，容颜会变老，曾经热闹的话题也变得不再有趣，但是一个人的技能、才华是不会过时的。

我们不难发现周杰伦的粉丝对他的喜爱很长久，因为周杰伦对他们的意义绝不仅仅在于音乐上的享受，更多的是从他的歌声和人生经历中汲取营养，帮助自己渡过人生中的一个又一个难关。

周杰伦的成功之路不是一蹴而就的。在第一次参加选秀节目的时候，信心满满的周杰伦却被评委以一句“口齿不清”淘汰出局。后来，周杰伦在餐厅打工，那段时间他也没有放弃努力，而是不断地写歌，免费给客人弹唱。周杰伦服务的餐厅经常有明星来来往往，周杰伦抓住每一个机会，他把自己写的歌给刘德华、张惠妹等人看过，但都被否定了。周杰伦自弹自唱，背地里再偷偷问同事，自己唱歌的时候有没有人看……

经历了无数次的失望和打击，周杰伦终于被吴宗宪发现了，但是在加入吴宗宪团队的很长时间里，周杰伦也没有任何要崛起的苗头，直到后来，尽人皆知的“十天之约”让周杰伦的命运发生了颠覆性的改变。

吴宗宪承诺，只要在十天之内，周杰伦能创作出五十首歌，就为他出唱片。周杰伦激动得辗转难眠，作为一个歌坛新人，他却真的将五十首歌漂漂亮亮地摆在了吴宗宪面前，吴宗宪被周杰伦的坚持打动，也从这五十首歌里看到了这个年轻人的才华，于是兑现自己的承诺，周杰伦的首张专辑《Jay》面世。当初，大概吴宗宪也没有想到，这张专辑能拿下当年台湾最佳流行音乐演唱专辑、最佳制作人和最佳作曲人的奖项，周杰伦瞬间名声大噪，而且，专辑里的好几首歌，一直到今天都广为传唱。

周杰伦曾经有一首歌，是我特别喜欢的，这首歌的名字叫《蜗牛》。其实周杰伦就像那只不停攀爬的蜗牛一样，一步一步地往上爬，就算自身渺小，也不害怕，因为只要努力，总有一天可以拥有自己的天空。我想，凡是周杰伦的粉丝，大概都能从这首歌中汲取前进的力量。

周杰伦的努力，让他成为一代偶像，创造了乐坛神话，普通人也许不一定有他那样的天赋，也许我们很难成为第二个周杰伦，但是只要足够努力，普通人也一样可以活出自己的精彩。

大杨是一个农村小伙儿，因为只上到初中就辍学了，文化水平有限，所以找不到什么好工作。于是，他就去简单学了点儿汽车修理的技能，后来在一家汽修店当了工人。可喜的是，大杨虽然文化水平不高，但干起活来却十分认真，修车修得也不错，一来二去就有了很多回头客。攒了几年钱以后，大杨决定回到老家的乡镇上自己开一家汽修店，哪怕小一点儿，至少有个奔头。

原本满怀信心的大杨却被开店后不景气的生意弄得很受打击。周围的邻居劝他说：“这几年生意不好做，你说你去给别人打工不挺好的吗，何苦自己干啊？”大杨笑笑，没说话，他心里在想：为什么同一个乡镇上的汽修店，有的生意惨淡，有的却很红火呢？自己做不好一定是有原因的。大杨想，自己的店是新开的，本身就没有老顾客的积累，生意冷淡是很正常的，但是他要想办法改变这种状态。

于是，大杨开始到其他修车店附近转，他发现有些店修车送玻璃水，送洗车卡，还发现，有的店雇人每天在大街小巷发传单，还有的店设置了上网区和饮料区，让等候的客人能更加放松……大杨想，这就是自己生意不好的原因啊。

大杨开始跑市场，他下定了决心：山不过来，我就过去。他印了几千份传单和名片，挨家挨户地发，没过多久，小乡镇上小区里的车上都塞满了大杨的传单。

大杨还看到，现在的年轻人用手机非常频繁，他打算利用网络的力量把自己的名声传播出去，于是他开始研究线上推广，还专门找了大学毕业的表弟，向他请教学习。

有人揶揄大杨，说大杨不过就是个修车的，搞得这么热闹有什么用？但是大杨不在意别人的说法，他觉得，想要把一件事干好，就要全身心地投入，没有机会的时候就要自己想办法创造机会。

大杨的努力没有白费，随着顾客越来越多，大杨的修车技术也得到了认可和传播，客户介绍来的新客户纷至沓来。后来，大杨自己忙不过来，又雇了修车工，再后来，大杨小小的修车店已经不能满足需求，他又租了地方，开了第二家、第三家修车店……

换成别人，也许会以“我不懂”“我只是初中毕业”“我是新人”等理由为自己的无所作为辩解，但是，如果那样，就只能永远做一个修车工。

大杨的故事告诉我们，并非世界险恶，而是你不够强大，要想变强大，除了努力，没有捷径。种下因，收获果，什么都没有种下，掌心自然空空如也。

生活中有很多人可以光鲜亮丽地与客户侃侃而谈，一整天都保持神采奕奕，但是这份笃定和游刃有余的背后，可能是熬夜到两点设计出了完美的方案。

生活不是千篇一律的，也不是一成不变的。今天努力，未来就有机会成功；今天不努力，未来一定没有成功的机会。只有此刻的我们足够努力了，将来我们才不会羞愧和悔恨。

▼

再大的风雨，也阻挡不了狂奔的脚步

“既然选择了远方，便只顾风雨兼程”，汪国真的这句诗激励了无数在追梦途中迷茫无助的年轻人。其实，生活中阴晴雨雪都是家常便饭，只要认定了方向，朝着前方狂奔，再大的风雨都无法阻挡你的脚步。

蔡依林是娱乐圈出了名的“拼命三娘”，她的努力是大家有目共睹的，哪怕全世界都说她不行，她也要证明：自己没问题。

刚出道的蔡依林，走的是温柔少女路线，大大的眼睛，温柔的笑容，很讨人喜欢。但是，人红是非多，很快就有不少人开始抨击蔡依林，说她长相不好，脸又大又圆，牙齿也不整齐，还有香肠嘴云云，当时还是一个歌坛新人的蔡依林把这些指责和谩骂一股脑全收了。

蔡依林说，她只想把歌唱好，别的不重要，但是一切哪能那么容易如愿呢？很快，蔡依林又陷入了与经纪公司的解约风波，媒体大肆渲染，铺天盖地的新闻让人眼花缭乱，蔡依林当时有些绝望，她以为自己的音乐之路可能真的要终结了，她是那么不甘心！

在经历了一年多的沉寂之后，蔡依林开始转型，她在二〇〇三年的时候，以一首《看我72变》，让人们看到了一个不一样的她，与周杰伦的恋情也被人们熟知。

但是，这时候又出现了不和谐的声音，人们说，蔡依林的成功得益于周杰伦的帮扶，离开了周杰伦的蔡依林什么也做不成。蔡依林对这些都一笑而过，她的关注点在于音乐做得怎么样，而不在于人们怎么看。

与周杰伦的恋情结束之后，蔡依林给了自己新的挑战，她要往唱跳歌手的方向发展。当这个想法一说出来，身边的人都纷纷投了反对票，要知道，蔡依林毫无舞蹈功底，别人跳舞都是从小开始练，那时候的蔡依林已经二十多岁。

舞蹈老师看到身体僵硬、动作生硬的蔡依林连连摇头，但是蔡依林没有放弃，别人能用一个小时练好，那她就用十个小时。她不分昼夜地泡在舞蹈房里，看着镜子里的自己一点点蜕变。终于，在二〇〇六年，她的《舞娘》面世，人们惊讶于这个个子小小的女孩子身上的爆发力。她的舞蹈动作甚至融合了很多高难度的体操动作，连专业的体操运动员都对她刮目相看。在发表《舞娘》获奖感言的时候，蔡依林说，她很感激那些曾经不看好她、打击过她的人，因为他们她才能一直努力。再后来，在蔡依林的演唱会上，钢管舞、丝带舞、鞍马、双环等都被她演绎得绝美。

多年来，蔡依林一直承受着质疑和诽谤，但是蔡依林的目标坚定，所以不惧怕任何坎坷，她尝试了电子舞曲，大获成功。也曾在二〇一四年，用一首名为《呸》的歌曲向社会上的各种病态现象宣战。二〇一八年底，蔡依林的新专辑《UGLY BEAUTY》又拿到了预售绝佳成绩。

蔡依林就是那种说到做到的女孩，无论谁给她设限，她都丝毫不动摇，无论现实给她多少创痛和委屈，她都从不停下狂奔的脚步。

如今的蔡依林，成了音乐界的佼佼者，除了在本职方面做得特别优秀之外，她还成了一名蛋糕师。原本只是因为感兴趣，蔡依林开始学习做蛋糕，但是学着学着就一发不可收拾，越做越有感觉，越来越追求完美，后来参加了比赛，竟然得了世界级金奖。在参加《王牌对王牌》节目的时候，人们得知这一消息，禁不住感叹，像蔡依林这样的女人，真的是在什么行业都能做得特别优秀。

蔡依林到底是个什么样的女人呢？大概就是无惧风吹雨打，笑对所有世俗的眼光和刺耳的嘲讽、谩骂，为自己的梦想奋力拼搏的“女超人”吧！

我还认识一个“女超人”，她的名字叫媛媛，虽然谈不上多才多艺，但是她对生活的态度，一直令我很敬佩。这个“女超人”是我一个朋友的闺密，我们也见过几次面，但是一直算不上熟悉，直到后来从朋友口中听说了她的故事，才知道，原来这女孩那么有魅力！

媛媛在一家广告公司做了很多年后决定辞职创业，在下了很大的决心提交了辞职报告后的几天，媛媛觉得胃口特别差，去医院一检查，原来她怀孕了。媛媛陷入了巨大的纠结之中，她担心创业初期太累，对孩子不好，或者创业失败，自己会不会连买奶粉的钱也没有了……但是，媛媛内心迫切地想脱离那个日复一日的工作环境，拥有自己的一份事业，这让她很难说服自己再吃回头草，她还是决然地离开了。

当时的媛媛结婚时间不长，去掉结婚、买房买车付首付的钱，还剩下五万块钱，她在征得丈夫的同意后，拿出三万，租了一个只有二十平方米的店面开花店，这就是她创业的开始。

媛媛当初的梦想很平凡，她只想有自己的一家花店，可以插插花、送送花，空闲的时候还可以约约闺密喝个下午茶，逢年过节的时候搞搞活动，花店一定能开得红红火火，既能满足温饱，以后还能照顾孩子，多好！但是事实并非如此，接触了这一行之后才发现，原来一切都没有想象中那么简单。

媛媛每天都坐在花花草草中间，拿着剪刀剪花枝，打花刺，还要换土、浇水、插花、包装。随着媛媛的肚子越来越大，这些繁杂的工作对她来说也变得越来越繁重，媛媛常常累得腰酸背痛，坐在矮凳上站不起来。在将近一年的时间里，这些工作都是媛媛自己在做，她也想雇一个人帮忙，但是考虑到当时的经济状况，还是打消了这个念头。家人看到媛媛那么辛苦，都劝她把花店关了好好养身体，但媛媛没有同意。家人了解媛媛的倔劲儿，知道她要想做一件事是九头牛也难拉回来的，所以，只好趁着有空的时候常常来店里帮忙。

媛媛维持着这家花店，一直到生孩子的那天上午才关门休息。生完孩子休息了四十多天后，情人节悄然而至，网上订花的人很多，媛媛便又投入到工作当中。令人感到欣慰的是，媛媛的孩子很乖，事业也进行得顺风顺水，花店开张一年半之后，这家小小的店面已经完全摆脱了亏损的状态，甚至有了一些结余。后来，媛媛雇了一个店员帮着打理花店，这样一来，她就能腾出时间，一方面更好地照顾孩子，另一方面寻找其他合适的位置又租下了一家店铺，尽管租这家店铺借了朋友几万块钱，但是媛媛现在完全有信心很快回本。

拥有了两家花店之后，媛媛想，不能只靠卖花赚钱，她还要开发新的内容。后来媛媛报名参加了一个花艺培训班，跟着老师认真地学习，白天学完了晚上再到自己的店里实践，她还买了很多相关的书籍研究，笔记做了厚厚的一本。三个月下来，媛媛已经能将花艺课讲得有模有样，于是她在花店里开辟出一个角落，专门教授花艺课。随着学员数量越来越多，小小的花店便显得捉襟见肘了。

媛媛的朋友劝她，这样已经不错了，不要瞎折腾，好不容易挣到钱，一定要安稳一点儿。可是媛媛不这么想，她又向银行贷款，将第二家店铺旁边的店也租了下来，这样一来，两家店铺一打通，空间就大了。媛媛找来设计团队，为新花店设计装修方案，花店不仅比原来大了很多，而且还比原来更加优雅独特了，常常光顾的顾客称赞媛媛，说媛媛的审美越来越好了。

过了两年之后，媛媛的花店做得越来越像样，她又在寻觅别的项目。就在这个时候，她的第二个宝宝来了，家人这一次都强烈反对媛媛的新想法，但是媛媛却神秘地笑笑，她说：“这小家伙来得正是时候，给了妈妈一个好主意！”没过几天，媛媛就宣布：她加盟了一家母婴店，专门经营母婴用品的。家人面面相觑，只好无奈地笑笑，随她去吧。

如人所想，媛媛确实又成功了，她也因此成了朋友们眼中的女神。这些朋友当然也包括我。

我有一个朋友，常常把“生命在于折腾”挂在嘴边，但是他的生活圈却毫无改变，每当他向人抱怨生活无趣，没有动力的时候，牢骚满腹的样子都让人忍不住敬而远之。每个人对人生的坚持都是对自己的尊重，只有冒着生活的枪林弹雨勇敢向前冲的人，才是生活中真正的勇士。

▼

努力是对平庸最好的反击

相对于茫茫宇宙而言，每个人都渺小如芥，如何将这短暂渺小的一生过得精彩非凡，有意义有价值，是很多人终其一生都在探索的问题。也许，每个人的骨子里都是不甘平庸的，都埋藏着向上奋进的种子，但是，如何才能摆脱平庸，不白白来这世上走一遭呢？

晓晓出生在一个普普通通的小镇上，因为头脑聪明，又勤奋努力，高考的时候，晓晓被高分录取到国内一所名牌大学，一下子成为当地出名的“天之骄女”。晓晓的父母也因为这么争气的女儿被人羡慕忌妒恨，一说到晓晓，父母总是眉开眼笑。每当看到父母这样的笑容，晓晓心中都无比骄傲。

晓晓大学毕业之后，并没有像她身边大多数同学一样，到处参加招聘会，四处求职，因为有名校光环的加持，晓晓投的简历几乎没有被拒绝过，而且很多成功的公司都会到晓晓的学校开宣讲会，晓晓还没走出校门就已经被一家大型科技公司录用了。

晓晓打电话给父母，父母自然又多了一个可以人前炫耀的理由。晓晓知道，父母需要这样的炫耀，这能带给他们巨大的快乐。

晓晓正式参加了工作，她发现这份工作简直太令她满意了，她每天得意地出入于高档写字楼，因为头脑灵活，负责的工作内容很容易就上手了，而且她的工资超出很多高中同学不止一点儿。于是，她把大把的时间用来喝咖啡、闲聊、网上购物。晓晓非常满足目前的生活，她想，原来只要成绩好，生活就可以过得如此顺风顺水。

但是，没过多久晓晓就发现了问题。她在工作上手之后不思进取，下班到点儿就走，不是分内的工作，她从来不肯多做一点儿。而其他人都很拼，每天忙忙碌碌，加班加点，学到了很多新东西。时间久了，这个曾经骄傲的“天之骄女”却成了最碌碌无为的一个，工作一直原地踏步，还养成了慵懒散漫的毛病，而且，刚工作几个月，晓晓居然胖了十斤。

老家的七大姑八大姨依然在感叹晓晓有本事，她的父母有福气，只有晓晓的内心怅惘莫名。当初那个自我感觉优越的自己，如今已经“泯然众人”了，这是多么令人难以接受的事情。晓晓不愿意接受这样的自己，于是，她下定决心要改变自己，她不能就这样成为一个无所事事的人，哪怕看起来光鲜，但内心不能如此空虚荒芜。

身边有很多人说，等攒够了钱就要出国留学，但是钱攒到多少算是攒够呢？什么时候是合适的时候呢？曾经的梦想都被束之高阁了。晓晓曾经也有出国留学的想法，但是这个想法同样搁浅了，既然现在已经没有更好的脱离这种环境的方法，不如孤注一掷吧！

晓晓开始准备托福考试，她每天除了工作就是往图书馆跑，疯狂地记单词，练习听力和口语，她似乎又找回了当初上学时的感觉，这种打鸡血一样的冲劲儿让她内心无比充盈。因为晓晓的积蓄有限，她又不愿意向父母伸手，只能省吃俭用。她只申请了三所学校，当 offer 下来的时候，晓晓激动得泣不成声。

在国外读书的时候，晓晓也丝毫不敢松懈，她时刻紧绷着心弦，她要从头再来，她要努力把自己从那个平庸的旋涡中拉出来。毕业后，晓晓顺利地进入一家知名公司，她依然没有停下努力的脚步，拼命地学习，严谨地工作，得到了周围人的赞叹和支持。

也许，晓晓依然是大千世界中的平凡之人，但是至少，当她回首往事，再看自己的奋斗历程的时候，可以问心无愧地说："我努力了，我不平庸。"

二〇一五年，一部喜剧电影《实习生》走进了人们的视线，罗伯特·德尼罗也因为饰演的幽默绅士的男主角本而获得美国评论家选择电影奖最佳男主角提名。本的角色设定之所以讨喜，除了其本身的幽默热情、进退有度之外，对于平淡生活的挑战和改变也是冲击人们心灵的一个重要方面。

本已经年过七旬，在一个公司做过高管，按常理来说，为社会服务了一辈子的老人，理应安享晚年，过平淡的日子，但是本不愿意。虽然退休了，但是本不是那种养花遛狗以打发时光的老人，他拒绝这种平淡无奇毫无波澜的生活，他在七十岁高龄依然保持着对各种新鲜事物的好奇和热情。

于是，本做了一个惊人的决定，他要继续工作，哪怕是以一个高龄实习生的身份。后来，本进入到一家互联网服装公司，成为叱咤商场的女老板朱尔斯的助理。起初，朱尔斯对这个高龄助理并不满意，也没有长期留用他的意思，但是在每天的相处中，朱尔斯发现了本的诸多优点，她感受到了他的严谨、认真、与时俱进的生活态度，渐渐对他产生了家人般的信赖感。后来两人不再仅仅是工作同事的关系，更成了互相帮助和鼓励的忘年之交。

刚进公司的本，不明白什么是 USB 接口，对一些新兴的科技产品更是一窍不通，但是他不甘示弱，他不想做一个平庸的“糟老头儿”。于是他向自己的孙子学习，向身边的年轻人学习，尽快地适应新的环境，也适应年轻上司的做事风格和处事原则。对于公司的产品销售情况，他起初一无所知，但他不厌其烦地分析数据，到最后可以洞察市场动向。当然，本的不甘平庸还体现在他生活中的方方面面，无论什么时候出现，无论当天是否有约，本都把头发打理得一丝不乱，身上永远是笔挺的西装，一派绅士作风。

这样的本，实在让人喜欢。

没过多久，本已经成为女上司朱尔斯的得力助手，甚至本还帮助她解决了一些家庭矛盾，当然，本在同事之间也左右逢源，成为大家的好朋友。电影的最后，总让人不得不感叹，原来一个退休的老人，只要敢于追求，不甘平庸，日子也可以过得如此有声有色！

平庸不可怕，怕的是习惯平庸甚至赞美平庸。一个人的生命是否鲜活灵动，就要看这个人为自己的人生涂画了怎样的色彩，给自己的人生如何定位。当你已经迈出前进的步伐，朝着更美好的方向奔跑的时候，其实已经是对平庸的最好反击。

第四章

我不怕千万人阻挡，只怕自己投降

▼

苦难不怕，战胜它你就是人生大赢家

人的一生要经历很多的苦难，逃避不是办法，况且想逃也逃不了。只有迎难而上，直面苦难，从中锻炼自己，提高解决问题的能力，才能战胜苦难。某种情况下，苦难也是人生财富，关键取决个人的人生态度。

小默和男友在一起已经两年了，男友是个风趣幽默的人，长得不错，工作能力也很强，身边的人都说，小默捡到了宝。小默也这样觉得，而且最让她感到骄傲的是，她的男友对自己的女友身份从来都不会遮遮掩掩，反而十分愿意将她介绍给朋友们，或者是发朋友圈的时候带上她的照片。

就是这样的模范男友，却被小默发现劈腿了，劈腿的对象是他的前女友。小默之所以发现这件事，是因为在男友的衬衣上发现了一根长长卷卷的头发，而小默是短发。小默忍受不了这样的背叛，提出分手，但是男友却苦苦哀求，说是自己喝多了一时失控才会发生那样的事，还信誓旦旦地说对小默的爱日月可鉴，如果撒谎就天打雷劈，小默看到眼前这个痛哭流涕的男人，心软了，还是选择原谅他。小默说，想起那时候傻乎乎的自己，真恨不得给自己一耳光。

和好后，男友对小默百般殷勤，每天接送上下班，还不时地制造浪漫，小默真的以为男友浪子回头了。正当小默沉浸在庆幸和喜悦中时，男友提出，自己打算入股现在上班的公司，公司的发展前景很好，他入股的话他们便能早点儿有个家了。在糖衣炮弹的轰炸下，小默失去了理智，当场转给男友三万块钱。

男友的消失是在得到三万块钱的第二天，去上班之后就再也没回来，直接人间蒸发。小默骂了男友祖宗十八代，最后瘫坐在地上失声痛哭。就在她想着如何找回男友，如何当着很多人的面给他几个耳光的时候，领导打来了电话，小默没有接，马上又来了第二个、第三个，在领导的连环攻势下，小默接了电话，领导说：“马上收拾东西跟我一起出差。”“啪”电话挂了。小默想，这是招谁惹谁了，哭都不能痛痛快快地哭。

小默还是收拾好了出差的行李，换上整洁利落的衣服，跟着领导出差了。小默为了躲避欺骗、背叛带来的痛苦，连续地加班，不停地根据客户的要求修改方案，在方案改了七八遍的时候，她想：连这么难缠的客户我都对付得了，我还怕什么呢？

小默不再执着于要找到那个负心汉，也不再以当面打男友耳光为梦想，她让自己一天天地忙起来，不给自己胡思乱想的时间和机会。三个月后，小默升职了，领导说："三个月前看你跟我一起出差的时候的那个样子，以为你家天塌了呢，我都没敢问怎么回事，看来你消化坏事的能力不错啊！"小默笑着说："凡打不倒我的，必使我强大。"

小默成了职场上雷厉风行的女强人，看人的眼光也好了很多，新男友还是愿意主动将她介绍给自己的朋友，也会在朋友圈里发两人的合照，但是，她不再以这种表面的虚荣为荣，也不再担心男友会不会劈腿，因为她的内心已经足够强大。

我读初中的时候有一个偶像，她是我们班的第一名，也是全年级的第一名，她的名字叫杉杉。杉杉的成绩好到每个科目几乎不丢分，比全年级第二名成绩高几十分是很正常的。我在班上排名前五，而我觉得自己已足够聪明，也足够用功，但我就是追不上她，因为她太聪明了，也太努力了，她思考问题的角度与众不同。

杉杉学习好，长得漂亮，但是杉杉有残疾，听说她小时候生病扎针扎得肌肉坏死，两条腿的肌肉不一样，所以她是“瘸子”。在当时崇拜她已经到了一定程度的我看来，她的“瘸”都是一种优秀。

上初中的孩子已经开始有了爱情萌芽，也有人给杉杉写情书，可杉杉从没有打开看过，都封存了起来，很多人说她成绩好太骄傲才会那样，多年后我才知道，那么优秀的她原来是那么自卑。

高考成绩出来后，杉杉报考了医学专业，想是因为自己身体的不幸，所以她不想看到其他孩子遭遇与自己相同的厄运吧。

杉杉上了大学后，依然没有要谈恋爱的意思，父母催，她每次都搪塞过去，有人追求，她也不同意。直到后来，杉杉喜欢上了一个男生，男生跟她的关系不错，看得出来对方并不排斥她，她第一次幻想以后可以跟正常人一样有个家，但是他会把自己当成正常人吗？杉杉无比忐忑。

杉杉的满腹心事被男生看了个明明白白，他问杉杉：“我不知道自己能不能配得上你，因为你太好了、太优秀了，你用实际行动征服了苦难，你比正常人都优秀。但我想要一个机会，你愿意给我吗？”杉杉喜极而泣。

男生带杉杉回家见了自己的父母，杉杉很紧张，但是男生的父母都十分开明，而且他们喜欢杉杉的上进和温柔。从此，杉杉不再自卑，她要摆脱多年来的心理负担，做一个幸福的人。实际上，杉杉已经用行动征服了困难，只是自己没觉得。

杉杉结婚之后生了一个小女孩，一切正常，而且非常漂亮。杉杉成了一名儿科医生，每天都很忙，但她总是对那些前来就诊的小朋友投以温暖的笑，小朋友都喜欢这个和蔼可亲的阿姨。

人一生下来就是哭着来的，很多人解读说那是因为人生下来就是“苦”的，虽然我不相信这样的说法，但是人生的苦难确实无法逃避。我们要做的是消化苦难，而不是任由苦难折磨我们的身心，也不是陷在苦难的泥淖中自暴自弃，有多少苦难来袭，我们就该有多大的力量将其化解。当你战胜了苦难，它就是你的财富；当苦难战胜了你，它就是你的屈辱。

▼

爱，也要留有余地

凡事都要适可而止，尤其是在爱情中，更要给自己留点空间，只有这样才能从容地转身，即使在失败的时候，也不至于太过狼狈。爱情是最无法做到等价交换的一种关系，只有留下相处的余地，寻找各自最喜欢的爱的方式，发现彼此最适合的部分，化解双方之间的分歧，才有可能长久。

小艺跟男友在一起已经一年多了，外人都觉得他们感情稳定，迟早会走到谈婚论嫁的地步，但是只有小艺自己知道，这段感情早已经千疮百孔。究其原因，大都是小艺的问题。

小艺是一个特别没有安全感的女生，尽管最初在一起的时候确认了无数遍对方是不是真的喜欢自己。

小艺的男友长相不错，性格也算开朗，虽然算不上学校里的风云人物，但是身边的小女生也围了不少。那时的小艺总觉得男友太优秀，原本就不够自信的她更是一万个不放心。

两人正式确定恋爱关系之后，小艺对男友约法三章：一，不能跟其他女生单独见面；二，不能跟别的女生在社交软件上聊天；三，不能主动帮助别的女生解决问题，诸如修电脑之类的。男友看着一脸认真的小艺，觉得这女孩儿挺可爱，毫不犹豫地点头答应。

但是，随着两个人相处的时间越来越长，他们之间的问题也越来越多。无论男友在教室还是在图书馆，或者是忙着考试，只要小艺一个电话，十分钟之内没有出现在她面前，她就必然大闹一场，一开口就是“我早就知道你当初说喜欢我是骗人的”，还一边说一边抹眼泪。男友丈二和尚摸不着头脑，却也只能一遍又一遍地道歉。

后来，男友发现小艺总是偷偷地翻看他的手机，有的时候趁着他不注意，还会把他微信通讯录里的女生偷偷删掉，男友一开始只是睁一只眼闭一只眼，但是后来发现，小艺居然冒充自己与女生聊天，发的都是些暧昧的话，非要诈出他和别的女生有点儿什么关系才甘心的样子。男友十分不解，跟小艺吵过几次，依然没有好转。

男友生日的时候，小艺在男生宿舍楼下摆了一圈蜡烛，燃烧着的心形蜡烛当中，小艺拿着话筒唱起《不完美小孩》，一曲唱罢，小艺对着男友的宿舍楼大喊：“亲爱的，我爱你，可以一直允许我查你的手机吗？”整个宿舍楼一片欢呼，男友快速地跑到楼下，象征性地拥抱小艺，结束了这场浪漫又别扭的告白。

分手的时候，小艺哭着问为什么，她眼圈通红地说：“是不是一开始你说喜欢我就是假的？我就知道。所以我一直都没有安全感，没想到最后还是这样的结局。”男友擦擦她的泪说：“不是的，你不懂你自己有多好，但是你爱的方式让人喘不过气来。我不知道怎么面对这样的你。”大概小艺永远都不会懂那句话的意义，因为自始至终她都没有觉得自己恋爱的方式有何不妥。也许，今后遭遇的爱情故事会让她慢慢成长起来。

当我们爱得太满，表达爱的方式不对的时候，那所有的付出就都是错的，也就注定是没有结果的。

夏末是中文系的才女，她喜欢上那个穿迷彩服的男生的时候刚上大一，她第一次感受到这种男子汉气概是多么的吸引她。经过四处打听，她终于知道了对方的名字和手机号，她强忍住心脏的狂跳才打出几个字发过去：山有木兮木有枝。然后一边感受着更加疯狂的心跳一边等待回音。

等了足足两个小时，短信提示音响了，屏幕上只有一个字：啥？还没等夏末想好要怎么回复，那个电话号码就拨了过来，夏末紧张得几乎要把手机扔了出去，只能故作镇定地接起来：“喂？”“你谁啊？发的短信什么意思？”夏末不知道世上为什么会有这么直接的人，一时语塞，对方又说：“明天下午一点半，在教学楼三区门口见一面吧！”夏末还是没说出什么话，对方“喂”了半天，只好挂断了电话。

第二天，夏末早早地来到了三区教学楼门口，却越等越心慌，最后还是临阵退缩了。她揪出包里的一张便笺，画了一颗心，贴在了教学楼门口的玻璃上，她想，那人应该会明白的。

过了几天，夏末一直没有等到那人的消息，只好主动发去了短信，说抱歉那天失约，但是在那里留下了记号，对方又拨来了电话：“大姐你别这样啊，我也不会围着整个教学楼转找你那记号啊……”夏末心想也对，只好说：“对不起。”对方笑了笑说：“算了，改天一起上自习吗？”夏末用细若蚊蚋的声音说：“好。”

两个人第一次约会，夏末全程没有讲几句话，对方倒是滔滔不绝说了很久。后来，那人说想吸烟，但是没有带打火机，夏末丢下一句“等等我”，就转身跑了，二十多分钟才从校门口的超市买了打火机回来，那人又笑了，说：“大姐，我烟瘾都过去了……”

后来，夏末为那人种下了一株植物。据说，那植物的名字叫“魔豆”，只要每天好好照看，七天就能发芽，长出的叶片上还有字，夏末每天为“魔豆”拍一张照片发给那人，那人最初没有回，后来说：“那些都是骗人的，几天就会枯萎的。”果不其然，没等长出字来，“魔豆”就死了。

再后来就到了学期末，那人说近期的实验报告很多，要一个字一个字地抄，简直累死人，夏末二话不说把那人的材料和笔记本都拿了过来，每天晚上熬夜抄着自己都不认识的符号和公式。

夏末从未表白过，那人也从未表白，一直到最后，窗户纸还是那层窗户纸。夏末在日记本里写下了好多首诗，但是那人不知道，也看不懂。夏末说她想要那人给一个未来，那人说他不会拐弯抹角，也不会随便承诺。夏末哭了，但是没有在他面前掉眼泪。

毕业的时候，夏末来到三区教学楼的门口，撕下一张便笺，写下“想你，谢谢你”，但是她依然不知道，这张便笺仍然不会被他看到。无论你自认为是多么好的爱人，有着多么浪漫的想法，也无论你的付出是否感动了自己，对那人而言，不懂就是零。

夏末只懂得全身心地爱和付出，却不去关注对方的反馈，才落得爱情尚未含苞已然凋零的结局。

当你急切地想要到某座城市见那个思念已久的人，你买好了车票，长途跋涉，原以为会收获一个大大的拥抱，却不知道自己的突然到访打乱了对方的生活；当你订了一大束的百合花寄到对方的办公室，却不知道对方更喜欢养些胖胖的多肉；当你挂念对方每一餐吃得好不好，每一晚睡得香不香，却不知道对方过着多么丰富多彩的生活，从来没有把你放在心中的某个角落。

很多人在爱情里太盲目，除了对方什么都不关注，浓度太高的爱让人无法喘息，也有很多人，把一厢情愿当成了一往情深。爱本是满分，但爱得毫无余地时，都要乘以零。在爱情里，先要懂自己，再去懂别人，然后给对方发现自己、深刻认识自己的空间，也给自己在爱情里转身的余地，这样的爱人才真的可爱。

▼

哪有什么岁月静好，不过是跟生活死磕罢了

世界上的岁月静好不是最初就是这副样子，而是人们跟苦难、罪恶奋斗得来的，跟生活死磕到底得来的。所有的成功或美好的样子，背后都是死磕留下的血汗。

大学时班里有一个普通的小姑娘，由于身体过于瘦弱，在同学们中间显得特别单薄弱小，常遭到一些同学的嘲弄，他们说她就像一根弱不禁风的豆芽菜。小姑娘面对这样的嘲笑，没有多说什么，她只是默默地下了决心，跟一个简单的动作——俯卧撑死磕。

小姑娘用摄像机记录下了她奋斗整整一百天的过程。一百天的时间，说长不长说短不短，但足以证明“死磕”能带给人多么神奇的改变。

由于臂力比较弱，小姑娘也没有多少运动的经验，第一天做俯卧撑的时候，她的胳膊一直在颤抖，费了很大劲才完成第一天的目标——二十个俯卧撑。视频上传到社交网站之后，虽然很多人对小姑娘的想法表示欣赏和赞同，但是大多都是嘴上鼓励一下，还是有很多人认为小姑娘要彻底改变自己没有那么容易。

第二天，依然是颤颤巍巍地勉强完成任务。她说她必须坚持下去，“我不喜欢别人说我像豆芽菜”，小姑娘说。

俯卧撑就这样雷打不动地坚持了一个月，小姑娘已经从最初的二十个做到了八十个，而且她自己升级了难度，由最初的入门动作改为高难度的“钻石俯卧撑”。小女孩慢慢地给自己增加难度，在又坚持了一个月以后，小姑娘完成了击掌俯卧撑的动作，要知道，这个动作对很多男生来说都是极难完成的高难度动作。人们纷纷为这个小姑娘点赞，而且人们也已经看出来，无论是力量上还是身体上，小姑娘的状态都有了不小的改变，她的语气和眼神也比之前更加自信了。

一百天的挑战结束之后，小姑娘穿一身紧身运动衣，在草地上继续做着俯卧撑，但是她仿佛已经变了一个人，不仅身材变得更强壮更匀称，而且性格也从最初的胆怯羞涩变得阳光开朗。只是与一个简单的俯卧撑动作死磕了一百天，就取得了这样大的改变，死磕的力量真的不可小视。

莱昂纳多是深受中国影迷喜爱的一位演员，从人们亲切地称之为“小李子”就可以看出中国人对他独有的喜欢。“小李子”除了颜值高，演技好之外，最让人津津乐道的就是他曲折漫长的奥斯卡之旅。

在“小李子”的巅峰作品《泰坦尼克号》之前，他已经有了不少优秀的电影作品，这些电影作品中，完全可以体现出“小李子”表演方面的天赋，尤其是饰演叛逆少年类的角色，可以说是驾轻就熟。

《泰坦尼克号》上映之后，这部传世巨作创下了不少记录，甚至在距离其上映十四年之后的二〇一二年，《泰坦尼克号》3D版在中国内地上映，依然取得了十四亿人民币的票房成绩。当年的《泰坦尼克号》斩获多项奥斯卡奖项，唯独没有最佳男主角，“小李子”第一次与奥斯卡失之交臂，不曾想，这一次，就开始了长达二十二年的等待。

“小李子”对自己的要求越来越严格，在《泰坦尼克号》之后的电影中，他饰演过毒贩、政客、商人……总之，他在不断地改变自己，与自己的演技死磕，在通往奥斯卡的路上披荆斩棘。“小李子”在《泰坦尼克号》中是迷倒万千女性的小鲜肉，赚足了人们的眼泪，但是后来他完全抛弃了偶像包袱，将自己“揉碎”了，放在每一个角色当中。为了饰演合适的角色，他短时间之内增肥、减肥，在生活中体验角色的生活，这种演戏的方式像极了苦行僧，但就是这样的努力，依然没能让“小李子”顺利地坐上奥斯卡的宝座。

“小李子”拿不到奥斯卡，却是奥斯卡颁奖典礼的常驻嘉宾，他在二十二年的时间里先后四次被提名最佳男主角，可是每次都是看别人把小金人拿走，不知道在那种时刻“小李子”的内心是否如他的影迷一样，遗憾又心痛。

当经历了一次失败，人很容易站起来继续前行，但是失败的次数多了，还能不断爬起来的就是少数了。而“小李子”就是这样不肯轻易放弃的人。他用更拼命的方式去演戏，继续与奥斯卡死磕。终于，在第八十八届奥斯卡颁奖典礼上，他凭借在《荒野猎人》中的精彩表现成功拿到小金人，获得最佳男主角奖。尽管台上领奖的“小李子”全程淡定，但是他的一众影迷早已沸腾，在场的所有明星也都纷纷起立向他表示祝贺，大家等这一天都等了很久，而且所有人都知道，“小李子”对自己有多狠才站上了那个领奖台。

在拍《荒野猎人》的时候，“小李子”的台词很少，拍摄场景在深山之中，“小李子”在天寒地冻的拍摄地经历了一场虐身虐心之旅。他不仅一上场就与熊搏斗，而且为了活下去生吃活鱼，在冰凉彻骨的水流中求生，甚至要亲手剖开马尸，裸身躺在马的肚子里取暖。只是听或者看那些场景就已经觉得痛苦不已，“小李子”全盘接受，而且在这部电影中演技大爆发，将看到儿子和救命恩人尸体时的绝望表现得惟妙惟肖，将人征服自然的超群的生命力表现得入木三分。说“小李子”在拿命演戏一点儿也不为过。

第五次奥斯卡提名，“小李子”终于圆梦，影迷们也终于放下心来，偶像的力量不仅在于他的外表和演技，更多的是他传达了不懈拼搏的死磕精神，让人在失落时、彷徨时能坚持下去，也像“小李子”一样，与梦想死磕。

▼

别急，总会有为你煮粥的人

没有人愿意承认，他的爱情是速食品。但事实上，很多人的爱情都是速食品。为了年龄而结婚，为了父母亲人而结婚，为了舆论结婚，甚至为了保证下一代的质量而结婚。为了这一切速速结婚，说的是你吗？

小岩又被安排去相亲了，这是第几次？没人知道，连小岩自己也记不清楚，大概是第二十几次吧！小岩甚至都没有细问男方的情况，但是妈妈说了，对方各方面条件都挺好的，属于优质资源，如果自己不赶紧抢就要被别人捷足先登了。

小岩与对方约在一家餐厅吃饭，两个人的聊天进行得还算顺利，吃到一半的时候，男方突然很正式地说："你看你，虽然脸上看不出来，但是身上还是有点儿胖的，你需要多运动运动才行，我就在健身房上班，可以把我们那边的金钻会员优惠给你……”小岩目瞪口呆，一时竟然没有答上话来。

如果从另一个角度讲，也许这个男人是懂得处处营销的好员工，但是在这样的场合提出这样的问题，还是很煞风景。

回到家之后，小岩跟妈妈吐槽，不想跟那样的男人发展下去，妈妈却说，那样的男人才懂得赚钱养家，嫁给那样的男人，女人才能幸福。小岩笑笑不说话，心里却打定主意不再继续了。

跟小岩一样着急的还有芸芸，芸芸始终相信，爱情这件事不是自然就能等来或者遇到的，而是要自己有计划地去寻找，挖掘一切可挖掘的资源。

有一段时间，芸芸迷上了社交软件，微信自不必说，还有很多相亲 APP，陌陌、探探等通通下载，她信奉的原则是“广撒网，钓大鱼”。

但是芸芸并没有如她所想的钓到大鱼，却差点儿钓到鲨鱼。社交网站上什么人都有，有人加了芸芸的好友，聊了没几句就开始说些不着边际的话，有些人甚至说黄段子，开下流的玩笑，芸芸一开始以为这只是个例，后来发现这样的人着实不少。气愤之余，芸芸选择卸载了这些软件。

后来芸芸明白了，爱情这回事，还是要靠缘分，寄希望于虚拟的世界，那是傻子的做法。

当看到别人目标明确的恋爱经历，还有五花八门的相亲史的时候，我也会纳闷，我们并非爱情中的无能者，为什么不能拥有爱情？我们可以这样问自己，但一定不能怀疑自己，因为大多数看似美好的表象之下往往隐藏着不好的一面，当我们顺应身边人的感受或者觉得时间到了该有个家的时候，往往就是我们委曲求全的时候。

爱情里，急是最没有用的，要相信，“物以类聚，人以群分”，只有优秀的人才能吸引同样优秀的人，盲目地相亲，或者为了结婚而结婚，都不是对自己负责的态度，而且我们所得到的，一定都不是匹配我们的最优选项。

小柏四岁的时候，因为一场大病进了医院，其实他完全可以很好地被治愈，却因为当地的医生用药不当而使他的腿落下了残疾，不能正常行走，而且右边脸上多了一个非常明显的疤。

小柏本身就是个内向的孩子，在发生了这些事情之后，小柏变得更加木讷，而且非常自卑。一见到女孩就脸红，完全不知所措。小柏的父亲母亲简直愁坏了，他们深深地为他的未来担忧，怕以后连个陪伴他一生的人都找不到。

小柏进入青春期以后，心中对爱情也有了一些憧憬，但是他从来不敢对有好感的女孩表达自己的心思，更没有奢望过有一天能得到异性的青睐。有一次，老师到小柏家里家访，他详细了解了小柏的情况后感到十分同情。小柏的父母很迷茫，不知道接下去小柏读书与不读书有什么区别，就算是考上大学又能怎样呢？但是老师接下来的话，让小柏对自己的人生有了彻底的改观。

老师说，一个人不能选择自己的出身，也不能改变自己的过去，但是将来是可以自己把握的，只要敢于努力，敢于追梦，想要得到的珍贵的东西早晚都会得到。老师又给小柏讲了张海迪、海伦·凯勒的故事，他们可能比小柏的情况更糟糕，但是依然找到了人生的意义，活出了尊严和生命的色彩。

此后，小柏开始认真地看书、学习，学校的课本都被他翻烂了，他又开始向别的同学借书来看，他渐渐地发现，书里有一个丰富多彩、神秘奇妙的世界，他开始尝试着在没有任何人知道的情况下自己写作。

由于身体原因和家庭经济问题，小柏没能读大学，但是高中毕业的时候，他已经在很多报纸杂志上发表了作品，而且有报纸专门来采访他，报道他的事迹，还有报社要和他签约，让他做报社的专栏作家。

小柏不知道，他的文字打动了无数人的心，让无数人流下了热泪，其中就包括他后来的妻子。小柏的妻子在没有和他见面的时候已经是他的粉丝，只要是他写的文章，她都仔仔细细地收藏起来，反反复复地读，她被这个诚恳善良的灵魂所打动，后来费了一番周折打听到了小柏的住址，他们一见如故，成了知己好友，再后来他们就顺理成章地在一起了。

小柏和妻子结婚的时候，他哭得不成样子，妻子却笑得特别坦然，她说："你的文字，你的心，都是晶莹剔透的，我爱这样的你，永永远远。"

婚后的生活很平淡，也很幸福，小柏非常珍惜这段感情，对妻子特别体贴，妻子也在慢慢地学习如何更好地照顾他，父母见到小柏夫妻两个如此包容对方、爱护对方，都十分欣慰。

无论是谁，只要认真地打磨自己，经历了时间的洗礼和锤炼，都能变成芬芳的花朵。当我们觉得自己是注定孤独一生的人，伤感地皱着眉头时，不要忘了提醒自己微笑，天知道谁会爱上你的笑容！你的独特与美好总会被发现，总会有一个人，愿意为了你系上围裙，在每一个阳光明媚的清晨，为你煮粥。

▼

一边疲惫，一边梦想

当骨感的现实不足以支撑丰满的梦想时，我们常常会怀疑梦想成真这回事是否真的存在；当我们为了追逐心中的梦想而奋力拼搏的时候，那种疲惫不堪的感受也许会让你瞬间失去斗志。但是我们不该灰心，因为这个世上有太多人都是在疲惫中坚持着自己的梦想。

小欧和男友是异地恋，后来因为距离原因，小欧的男友有了新欢，小欧在没有任何心理准备的情况下被劈腿了，对方说了声“对不起”之后就此消失。

小欧受了情伤，她承受了异地恋带给她的巨大伤害，便不愿意再承受这样的痛苦，所以下定决心再也不要异地恋了。

小欧后来遇到了她现在的老公，老公对她十分温柔体贴，两个人除了上班的时候各自忙碌外，其他时间几乎都腻在一起，异地的问题再也不会困扰小欧了，小欧很知足。在经过一年多的恋爱之后，他们走进了婚姻殿堂。结婚的时候，小欧对老公说，她的梦想很简单，一间房，两个人，柴米油盐足矣。老公用力地点头，郑重地承诺："我一定会让你实现这简单的梦想的！"两人在婚礼上相拥落泪，感动了在场的所有人。

婚后的生活依然甜蜜，小欧和老公也孕育了他们的爱情果实，小欧生下了一个白白胖胖的小姑娘。两个人的小家庭变得更加热闹。

就在孩子刚刚一周岁的时候，小欧的老公因为公司开拓业务的需求，需要出差一年。虽然小欧的老公承诺一定每个月都回来一次，但是一年的时间毕竟不短，小欧很失落，她不想两地分居，何况现在还有孩子，她一个人很难应付。小欧的老公十分抱歉地对小欧说："我承诺过不会离开你，虽然这一次在事业上是个绝好的机会，但是如果你真的不能接受的话，我就不去了。"小欧哭了，但是她还是同意了，她对老公有信心，对他们的爱情也有信心。

在老公出差的一年当中，确实如他所说，每个月都尽量挤时间回家，但是每一次都是一两天，而且每次都匆匆地来又匆匆地走，小欧几乎一个人解决了所有的问题。

小欧一个人在家照顾孩子，给孩子做饭洗衣服，把孩子哄睡着了之后才能吃两口饭，有的时候为了速战速决，饭凉了她也只能将就着。

最让小欧感到崩溃的是孩子生病的时候。每当这种时候，小欧恨不能长出来三头六臂，能一边安慰哭闹的孩子，一边排队挂号，还有取药，伺候孩子吃奶喝水。

白天带孩子去医院看完病，晚上要一次一次地帮孩子量体温，贴退烧贴，不断哄着因为病痛哭闹不止的孩子。还要变着花样地给孩子做饭，以激起孩子的食欲。每次孩子生病，小欧都得瘦上好几斤。就这样，小欧挺过了一年。

小欧的老公结束出差回来的那天，小欧打开门迎接，两个人抱在一起，老公抚摩着她的脸，一个劲儿地说“辛苦了”，小欧流着泪，泪水滴在老公手里一大束百合花的花瓣上。

小欧的老公因为在外地的业务拓展得很出色，职位得到了晋升，他们的收入比原来高了很多。老公便更加不吝惜在小欧身上花钱，哪怕小欧说不用乱花钱，太浪费，老公依然时不时地给小欧制造惊喜。

后来，他们的孩子上了幼儿园，白天可以托管在那里，小欧开始上班了，两个人努力地工作，干得劲头十足。没几年，他们换了房子，一家人搬进了新家，周末的时候，一家人会集体出游，不管远近，每个周末的放松时间都让他们越来越感觉到家庭的温暖和家人的重要。在夕阳下，小欧倚在老公的肩头，轻轻地说："我的梦想实现了。"是啊，尽管经历了很多辛苦，但朴素的梦想还是实现了。而且，小欧总是会开玩笑地说，如果以后还需要老公出差，她绝对不会再哭，而是会全力支持。

无论当下的生活有多艰难，无论过得有多疲惫，都一定不要忘了初心，在疲惫中怀揣梦想的人才是伟大的人。

平平对都市里忙忙碌碌的生活越来越厌倦，她出生在一个偏远的农村，虽然童年时期她们家的生活算不上富裕，甚至可以说有点儿拮据，但是随着在都市里生活的时间越长，她就越想念农村那种古朴、恬淡的感觉，她多想在这灯红酒绿的城市里拥有一处安安静静的天地，能够寄托浮躁的内心。

平平跟朋友谈起这种感受，朋友赶紧附和说他也是这种感受，感觉每天都忙忙碌碌，但是又觉得特别空虚，有时候真的想要体验一种回归田园的生活。

后来，平平和朋友去过一次农家乐，他们休了一天假，在农家小院里种花种草，自己亲手摘果子，亲手喂鸡喂鸭，他们还跟着当地人一起下地干活，感受泥土的气息和汗水的味道。回来之后，平平的心里一直不能平静，那就是她向往的生活啊！

平平找朋友商量，想要在郊区租一块闲地，在那里种点儿花草蔬菜，既不用花很多钱，也不用费很多时间，自己有了放松身心的地方，多余的瓜果还可以送亲戚朋友或者同事，这样岂不是两全其美。朋友一听，当即表示同意。

于是，两个人开始行动起来。租下的地方虽然不大，但真的动手整理起来也实属不易。尤其是朋友从来没有拿过锄头、铁锹，叫苦不迭，平平也比他好不到哪里去，毕竟很多年没有下地干过活了。虽然两个人也请了其他朋友来帮忙，但是大家都是一开始兴致勃勃，慢慢地就没有激情了，纷纷告辞了。平平的朋友坚持了几天以后也跟平平摊牌了，说这件事说说还行，真做起来困难太大，他决定放弃。

在大家都不了了之的情况下，平平一个人坚持了下来。从一棵棵小花小草开始，到后来的蔬菜，她按时地浇水、松土，发现种子萌芽的时候，她激动得跳了起来，当叶子看上去不太健康的时候，她到处找人咨询、查资料，一定要搞清楚原因，进行补救，以至于后来大家都戏称平平成为半个蔬菜专家了。

在平平的坚持下，那一小片菜地和花草居然越来越像模像样了，平平每个周末从郊区回来的时候，都会带一些自己亲手种的花花草草做成的花束，她把这些花束送给自己的朋友、同事，大家纷纷感叹平平的用心。当然，大家也经常收到平平送的纯天然的绿色蔬菜，像小白菜啊、莜麦菜啊之类的。后来平平还尝试种起了草莓，结果非常成功，整个办公室的人都吃到了酸酸甜甜、娇艳欲滴的草莓。

平平每个周末似乎都要比平常工作的时候更加忙碌，有人问她，这样做值得吗？到底是为了什么呢？平平总是说很值得，虽然有时候也会觉得辛苦，但是至少是快乐的，因为她所做的事情都跟梦想有关。

现如今，平平那小园里的果蔬和花草越长越好，身边开始有人跟平平说，能不能给多带一些新鲜蔬菜，可以给一定的报酬。有人劝平平，可以趁机把这片花田菜地扩大规模，再雇些人，接下来就可以创收了，平平笑了笑，说："还是算了吧，我没有那个时间，也没有那个魄力。"

其实，平平并不是没有时间，更不是没有魄力，只是她不想把自己接近童年生活、接近自然的小小梦想变卖，她不认为一切美好的东西都一定要跟利益挂钩。只是简单地种种菜，养养花草，哪怕只是在工作之余有那么一点儿短暂的时间可以放松自己，让自己得到快乐的同时，也让身边的人感到快乐，她就很知足了。

追逐梦想的过程是辛苦的，甚至可以说苦不堪言，但是谁不是一边拖着疲惫的身体，一边仰望着远处的梦想，继续前进的呢？

▼

谁的人生，不是初来乍到

没有谁的人生是预先设定好的，更不可能有人能预知生活里的喜怒哀乐，或者把那些不美好的事情提前按下取消键。每个人的人生都是初来乍到，觉得不好过的时候要自己想办法，而不是愁眉苦脸，让周围的空气都随之变得沉重。

我曾经认识一个年轻的女孩裴裴，二十六七岁的样子，长得眉清目秀，一头长发让她看上去特别温婉可人。女孩不仅外形条件好，工作能力也不错，在同时进入公司的新人中是晋升最快、薪资最高的一个。但是，就是这么优秀的女孩，却总是一副愁眉苦脸的样子。

有一次，朋友问她：“你为什么总是皱着眉头呢？你笑起来的时候真的挺好看的。”裴裴撇了撇嘴，就开始对着朋友大倒苦水，说：“你以为我不想天天没心没肺地哈哈笑吗？我只是表面看上去挺好，实际上生活是一团乱麻，简直让人绝望。”朋友一听这么严重，只好问裴裴到底怎么回事。

裴裴说，她有一个谈了半年多的男朋友，因为她不常带男友一起出来，所以大家对他们的感情也不是很了解。裴裴说，男友倒是很有上进心，待人也很周到，带出去绝对是很有面子的那一类型，但是唯一的缺点就是一点儿也不懂得体贴和浪漫。

裴裴说，虽然两个人相爱，但是生活当中总是要有一些仪式感，缺了仪式感的生活会慢慢失去生机的。但是男朋友从来不会在情人节或者其他节日对她有任何表示，就连自己的生日都不会刻意准备礼物，更不用说惊喜了。她想了很长时间，想要分手但是又舍不得，一直游移在分手的边缘。每天为了两个人不同的恋爱方式而烦恼，简直是精神上的一种折磨。

而且，明明自己就在为感情的事情纠结发愁，家里人还总是隔三岔五地打电话问东问西，什么时候带着男朋友回家，打算什么时候订婚，什么时候结婚，什么时候生小孩……裴裴说，简直就像夺命连环问。

裴裴一边说，一边唉声叹气，仿佛自己是世界上最惨的那一个。

不仅如此，裴裴还为经济担忧。朋友很惊讶：“你职位比我们高、工资比我们高，还有什么不满意的啊？”裴裴说：“我虽然现在薪资不算低，但是总觉得在这个公司也就这样了，没有什么可发展的空间。而且我十分看不惯公司领导总是怀疑女员工工作能力的行为。”为此裴裴在一段时间里总是有跳槽的想法，但是思来想去又觉得太麻烦，不愿意轻易变动工作，就这么既不满意也不离开地混日子。

其实像裴裴这样的都市青年实在太多了，谁都有感情不顺、工作不顺的时候，越是这样的时候，越要懂得调整自己的情绪。如果每个人都像裴裴一样大发牢骚，因为生活中的一点儿小事郁郁寡欢，那这个世界就要坏掉了。

洛洛就跟裴裴不一样，她从来不抱怨、不发牢骚，尽管她的生活比裴裴辛苦得多。

洛洛已经踏入中年已婚女人的行列，属于按部就班生活的那种人，在二十五岁的时候结了婚，二十七岁的时候生了孩子，很多人觉得洛洛的生活挺轻松，但她背后面对着怎样的压力又有谁知道呢？

洛洛和老公在结婚之前贷款买了车子和房子，为了以后有了小孩上学方便，他们买的是学区房，价格着实不便宜，两个人每个月光车贷和房贷就是一笔不小的费用；而且结了婚之后，洛洛发现人情往来也需要花很多钱，哪个亲戚家里生了宝宝，谁家的儿子要娶媳妇，谁家搬家了，谁家孩子考上大学了，谁职位晋升了，这些份子钱都要算在每个月的开支里。洛洛和老公每天就是一边工作一边还贷，一边养孩子一边处理着这些生活琐事。

洛洛面对这些杂七杂八的事情，从来都没有灰心失望过，而是跟老公下定了决心，要通过自己的双手解决这些问题，创造更好的生活。

为了增加收入，洛洛在网上找了一份兼职工作——帮母婴店卖纸尿裤。于是，洛洛的生活更忙了，在处理完生活中所有问题之后，还要及时地看手机，回复买家的信息，耐心地给他们介绍产品，而且常常要忙到晚上十一二点。第二天上班前可能还要早起去拿货，上班的时候都有可能顺道给客人送产品。

更加不走运的是，洛洛做兼职的事情被领导发现了，当着所有员工的面，洛洛被领导指着鼻子骂了个狗血喷头，而且在后来的工作当中领导总是时不时地给她找麻烦。洛洛最初很难接受，可小鞋穿得多了，也就习惯了。

尽管洛洛的生活有时候一地鸡毛，但是这些从来没有影响到洛洛对生活的热爱，她依然每天神采奕奕地去工作，回到家主动做家务，对待孩子依然和蔼可亲。

虽然怎样过日子都是个人的选择，但是不同的生活方式和对待生活的态度，确实会给人带来不同的结果。我们对着生活笑的时候，它必然回敬你微笑。我们有着不服输的决心，它才肯赐你成功的体验。每个人的人生都是初来乍到，没人能为你铺好将来的路，平坦也好，坎坷也罢，都要自己蹚过去。

第五章

你只需努力，剩下的交给时间

▼

你的人生，没人能一票否决

很多时候，我们的人生走向总是会受到外界种种因素的影响，一些与自己的想法和追求不一致的声音，总是在我们的耳边回荡，听得多了，最初的坚持往往会不自觉地动摇，原本坚如磐石的一颗心，变得敏感易碎，甚至我们的人生也因为他人的评价或干预而被一票否决。

在我喜欢的电影中，《寻梦环游记》是让我感触最深的一部。影片中关于爱与梦想、生死与希望的探讨很容易让人产生共鸣，但是对我来说，最让我记忆深刻的，是小男孩米格要把握自己人生方向的那种执着和坚定。

热爱音乐的米格，出生在一个被音乐笼罩的小镇上。但很不幸的是，这个小镇上唯独有一家人不仅不喜欢音乐，甚至把音乐当成对整个家庭的诅咒，那就是米格的家庭。

在米格的家庭中，从曾祖母那一代开始，音乐就被明令禁止了。但是，米格从出生之时起，似乎就与音乐有了不解之缘，他视音乐为终生追求的梦想，他向往着成为德拉库斯那样的音乐家。为了这个梦想，米格向自己的家族说“不”，勇敢地追求心中的梦想，哪怕是到了死亡之地，依然没有放弃。

米格到了死亡之地后，经历了很多困难和艰险，但是这些都没有让他产生放弃的念头。他甚至在死亡之地见到了亲人的灵魂，向他们热切地表达着自己的坚持，最终获得了家人的赞许和祝福。

敢于坚持自我、不受他人支配和影响的人的生命是发光的。乐观顽强的米格不仅改变了自己的命运，还解除了魔咒，改变了全镇人的命运，与家人的关系也得到了缓和。当电影的主题曲《请记住我》的歌声响起时，“请记住我，我们的爱不会消失，我用我的办法，跟你一起不离不弃，直到我再次拥抱你”，多少人泪流满面。

现实生活中，也不乏像米格一样不被他人左右、自己的人生自己做主的勇敢之人。二〇一五年四月，一封辞职信爆红网络，不同于普通的辞职信，提交这封辞职信的人只写了十个字：世界那么大，我想去看看。这个人是河南省一个普通中学的心理学教师顾少强。

当很多人费尽心力地想要进入教师体制内的时候，顾少强选择离开这个岗位，她并不是不喜欢教师这份职业，而是她更想遵从内心的感觉，去过随心所欲的生活。当顾少强说出这样的想法之后，周围人都提出了反对的意见，大家纷纷劝她，不要因为一时冲动，丢了教师这个铁饭碗，丢了原本安稳、体面的生活。但是顾少强说，她并非一时冲动，而是内心的声音催促着她做这样的决定，她不会因为任何人的挽留或者善意的建议而改变最初的想法。

有人说，真正辞职之后，看似潇洒的生活就不一定能像想象中的那么美好了。的确，顾少强的生活确实没有想象中的那么唯美浪漫，但是她说，她的内心是快乐的、平和的。顾少强在四处旅行，准确地说是“穷游”的过程中，遇到了现在的爱人，他们在四川成都一个不知名的小镇上安了家，开了属于自己的一家店；后来也有了自己的孩子，顾少强给孩子取名为“小鱼儿”，大概是希望孩子能像鱼儿一样自由自在、过快乐轻松的日子吧！顾少强的生活中最主要的两件事成了看孩子和看店，很多人在得知顾少强的现状之后，发出了不理解的声音，同样是普普通通的生活，为什么非要选择这样的？也有人说，顾少强大概是后悔了，当初如果听了周围人的劝说，是不是比现在更好一些？但顾少强心里却不是这么想的。

有记者找到顾少强，对她进行了采访。当记者问道：“如果你再一次有了‘世界那么大，我想去看看’的念头，怎么办呢？”顾少强不紧不慢地回答道：“那就去呀，你在红尘中打滚，我仍然能在自由中远行。世界那么大，我还想带着孩子去看看。”任何人的怀疑和担忧，对顾少强来说都是没有意义的，只有遵从内心的真实感受，生活才能多一些满足和快乐。

顾少强对自己人生的尊重也体现在对孩子的教育问题上。顾少强说，她不愿意别人干预或修改她的人生，所以她也不会过多地插手孩子的人生。如果以后小鱼儿长大了，他的理想是做一个农民，种花种草能带给他快乐，作为孩子的妈妈，她也会十分开心地回答“好的”。我想，这样的人生境界不在于这个人的身份地位如何，也不在于人生经历多么丰富，而在于是否有一种准确清晰的自我认知和自我坚持。

我希望这个世界上能有更多的顾少强，能够认真地对待自己的人生，不会因为别人的参与和否定而轻易改变人生的版图。

▼

脾气差一点儿也无伤大雅

生活中有很多脾气好的人，他们总是容易放下自己手头上的事，腾出精力和时间来帮别人解决问题。因为所谓的“脾气好”，他们不会也不能拒绝别人，于是，身边的人变本加厉，这些人的生活也变得越来越被动。

明明是跟家人一起短途旅行，却被朋友频繁要求帮忙代购化妆品，虽然自己的行程很满，行李箱的空间也不大，但还是因为“脾气好”，接受了那一长串代购清单。

加班加点地刚刚完成自己的工作，明明已经很累，恨不得倒头就睡，同事却递来他没有处理完的文件要求帮忙，内心有一万个不乐意，还是因为“脾气好”，露出标准的八颗牙微笑着重新坐回到办公桌前。

想要吃完饭后去图书馆自习，却被室友请求带饭，还附加取快递，明明手上抱了一摞书，而且没有去门卫那里的计划，但还是因为“脾气好”，说了声“没问题”。

……

记得小时候，我总是最调皮捣蛋的一个，不喜欢的玩具一概不玩，喜欢的就决不允许妈妈私自送人，有时候跟其他小朋友打起来，妈妈总是会唠叨：“我这孩子，脾气太差！”

后来，我上了学，邻居有个比我大一岁的姐姐，名字叫宁宁，她聪明、漂亮、懂事，而且脾气好，顺理成章地成为妈妈口中“别人家的孩子”。每当妈妈教训我的时候，总是会说：“你看人家，比你懂事多了，比你脾气好多了……”

我小小的心里自幼年时起便有了一个追逐的偶像和忌妒的人选。

上小学的时候，班上有一个男孩特别坏，有一次班里大扫除，我负责擦玻璃，男孩看我的手在窗户边，竟然故意用力地关窗，把我的手指夹出了血，我哇哇大哭的同时，拿起扫帚就追着他打，后来他也被我打哭了。放学后，我还没有跟妈妈说今天被夹破手指的事，对方的妈妈已经找到了我家，气急败坏地说我欺负她儿子，妈妈也没有问事情的经过就打了我一顿，还说：“你看人家宁宁，什么时候跟你一样了，人家永远都那么老实，一点儿也不给妈妈惹事！”我很委屈地哭了，而且我不知道要不要跟妈妈说：其实在她眼里乖巧的宁宁姐在学校里经常被坏男生欺负。

我学习不算很好，但是我喜欢写作，小时候经常在作业还没写完的时候，就在本子上胡乱写些什么，妈妈这个时候总是会说："你看人家宁宁多好，老师让干什么就干什么，这孩子一看就是好脾气，哪像你，让你往东你偏往西！"我吐吐舌头，继续在我的文字王国里遨游。

后来，我上了大学，没有听爸妈的话选择师范专业，而读了中文专业，身边的七大姑八大姨又对我妈说："你家这姑娘不是个顺毛驴，说什么她都反抗，脾气不行。你看宁宁，高中上完就听她妈妈的话去打工了，过两年找个合适的人家结婚，多好！你家这个还不知道啥时候毕业呢，也不知道啥时候结婚，等她能挣钱的时候你也老了，享不了福……"

正如她们所料，我毕业以后迟迟没有男朋友，有了男朋友以后又迟迟不结婚。逢年过节，饭桌上总是这样的唠叨："这孩子从小就不乖，你看人家宁宁，孩子都两岁了。"我呵呵一笑，不发一语。

前年的春节，我回老家过年，跟妈妈聊天的时候，听妈妈说，宁宁离婚了。我第一个念头就是：脾气这么好的女孩，谁都喜欢，怎么会离婚呢？妈妈说："可能就是因为脾气太好了！”

宁宁从小就被妈妈教育要通情达理，要听大人的话，不要跟任何人闹脾气，她自然而然地成长为好脾气的姑娘。相亲之前，宁宁的妈妈叮嘱：不要太挑剔，差不多就行。宁宁一次相亲就成功了，打定主意要从一而终。宁宁的老公说，喜欢她的好脾气，以后两人不会吵架。可是，宁宁怀孕之后一切都变了。老公嫌她怀孕期间越来越懒，而不肯做饭，宁宁就挺着大肚子为老公做饭，一边炒菜一边强忍着油烟味的恶心。

生了孩子以后，婆婆来伺候宁宁坐月子，妈妈特意打来电话叮嘱：不要跟婆婆起冲突，要听老人的话。宁宁便听话地喝掉一碗又一碗的骨头汤，孩子生出来了，肚子却没下去。宁宁的母乳足够孩子吃，但是婆婆说：“别人家的孩子都喝奶粉，不能委屈我家的孩子！”宁宁只能一半母乳一半奶粉地喂孩子，孩子奶粉吃得多，母乳就吃得少，宁宁哺乳期间一直饱受涨奶的痛苦，却没有向婆婆讲过半个“不”字。

宁宁虽然百般忍让，家里却依然总是弥漫着硝烟。丈夫嫌弃她蓬头垢面不打扮，婆婆说她像个没嘴的葫芦。宁宁终于忍不住爆发了，对婆婆和老公吼了一句：“你们到底想让我怎么样?!”从未见过宁宁这样的婆婆顿时声泪俱下地控诉：

“我都是半截身子埋到泥土的人了，还没有被人这么骂过，你这当媳妇的真好啊，我们娶你回来是让你虐待老人的吗！”老公也添油加醋地指责：“没见过你这么不懂事的！”婆婆一边叉着腰一边哭哭啼啼地嘟囔：“这女人脾气不好，脾气不好的人命就不好，会坏了我家的风水……”

孩子还没到一周岁，老公就提出了离婚，宁宁的父母亲自登门求情都没有挽回丈夫的心，宁宁一把眼泪一把鼻涕地回到娘家。没过几个月，宁宁的老公就娶了新人，听说新娶的媳妇是个悍妇，把一家人治得服服帖帖。宁宁听说后哭得天昏地暗，嘴里不停呼喊着：“我到底做错了什么？”

听妈妈讲了宁宁的事后，我说不出的心痛。我想，她自始至终只有一个错误，那就是脾气太好，好到没有原则，好到被人欺负也不吭声，好到一辈子都不明白什么叫“自我”。

其实，很多时候，我们不一定要在别人面前当“好脾气”的人，该笑的时候笑，该生气的时候生气，爱憎分明，快意恩仇，多么潇洒快乐！当然，从小就被灌输“一定要做个好脾气的人”的宁宁是永远都不会明白这个道理的。

▼
擅长做自己的你，才是真迷人

有的时候，我们会为了跟上周围人的脚步，或者只是让自己看上去不“例外”，而选择原本不属于自己，自己也并不擅长的生活方式。时间长了，你的行为变化了，但其实骨子里还是那个自己，而这个时候回首才发现，那个拼命将自己活成别人的人，真的可笑极了。

考上大学的小艺觉得自己开启了新世界。大学所在的城市是一座充满活力和现代气息的大都市，出了火车站，映入眼帘的是高楼大厦、车水马龙，而不是满眼的庄稼和村舍；身边接触的是城里的各种新鲜事物和人群，而不是穿着粗布衣服、埋头苦干的农夫农妇。

小艺被分配到了一个四人间的宿舍，还没有开口交谈，小艺的自卑感就露出来了。很显然，小艺无论是穿着还是举止，都是这个宿舍里最不起眼、最土气的一个。“我要改变，一定要改变。”小艺在心里狠狠地下了决心。

宿舍里有一个女孩，在小艺眼里简直是耀眼夺目。小艺从没见过那样皮肤胜雪、五官精致的女孩。她穿的衣服总是那么好看，她用的东西小艺有很多都没有见过。那些瓶瓶罐罐的化妆品，更像是一个炽热的梦，让小艺想入非非。

小艺多想成为那样的女孩。

随着接触的时间越来越长，小艺发现女孩总是喜欢翘课，不是窝在宿舍里看电影，就是化漂亮的妆出去逛街。一开始，小艺还会劝女孩不要落下课程，可是女孩说：“学校里讲的东西没有多少有用的呀，还不如去社会上增加点儿经验呢，对以后毕业了也有好处呢……”女孩笃定的语气让小艺觉得她说的话肯定都对。后来，小艺也跟着女孩一块儿翘课。

女孩喜欢喝咖啡，虽然小艺非常不习惯咖啡的味道，但女孩每次喝咖啡的时候，小艺都觉得赏心悦目。女孩还很喜欢吃坚果，小艺觉得她用长长细细的手指剥开坚果的样子简直优雅极了。小艺也想做那样的女孩，可小艺的父母是土生土长的农民，给小艺的生活费很有限，于是小艺省吃俭用，学着女孩的样子泡咖啡、吃坚果，学着她穿衣打扮。

慢慢地，农村姑娘出身的小艺有了不输女孩的公主病，稍微有点儿不开心就要弄得像黛玉葬花一样凄凉，以前干农活完全不输男生的小艺也变得手无缚鸡之力，遇到搬搬扛扛的事情都要跟男生撒个娇求帮助。小艺还主动学习女孩的说话语气和走路方式，她觉得自己越来越像女孩，越来越可爱了。

毕业后，小艺开始找工作，却因为专业成绩不够突出而屡屡碰壁，找到工作后也因为自己不愿意吃苦受累或者觉得工作琐碎无聊而频频离职。

每一次回老家，小艺见到的父母依然还是那样土里土气，地里的庄稼还是那样茂盛，成熟的时候依然要滴着汗珠子把它们收回家。小艺村里的人都不知道咖啡是什么味，也对吃坚果没有兴趣，他们只关心干活和收庄稼。

小艺作为村里为数不多的大学生，被很多乡亲询问在城里的工作如何，小艺只能搪塞着说两句。因为她的工作实在不尽如人意，她租住的小房间狭窄潮湿，工作也没有什么前景。那时候小艺才开始觉得，自己那些为了变得更好所做的努力都让自己变得更差了。

一次偶然的机会，小艺得到了许久不联系的女孩的消息。她已经结了婚，结婚对象家境优越，她依然还是原来的样子，喜欢喝咖啡、吃坚果，没事的时候化个妆出去逛逛街，做做美容。小艺心中充满了失落，原来，那些努力朝着别人的方向追逐的日子是那么傻，浪费了青春，她依然是原来的自己。

小艺很郁闷地找她的朋友聊天，说起这些年隐藏在内心的挣扎和努力，谁知她的朋友却说："你那些追求怎么能称得上追求呢？你那是迷路了！你根本没有看到自己的价值，你一味地去学别人，那你本身存在的意义又是什么呢？"一语惊醒梦中人，小艺流下了眼泪，她在哭那些被自己稀里糊涂搞丢的青春时光，也哭她迷失的自我。

我有一个朋友叫铮铮，亲朋好友对他的评价就是"不着调"。铮铮上小学的时候，每次都会提前预习好功课，上课的时候觉得老师讲得实在无聊，便偷偷逃学。他在家门口的树底下玩蚂蚁，他把蜂蜜涂在地上，吸引蚂蚁过来，然后把它们圈养起来，还喊着口号让蚂蚁排队，令他的爸妈哭笑不得。

上了中学的铮铮依然"不着调"，老师写错了字，他非要在全班人的面前大声地喊出来；老师要求抄五十遍英语单词，他就用复写纸抄；堆积如山的试卷他也不会熬夜完成，而是只挑选自己认为不会做的做。

令人意外的是，这样的铮铮居然考上了不错的大学，他选的是教育学专业，家人想当然地认为他有当老师的志向，所以全力支持。铮铮毕业后，果然进了公立学校，成了一名历史老师，但是历史课总是容易被占用，学校也不要求铮铮坐班，铮铮觉得这样很没意思，就瞒着家人辞了职。

一年以后，铮铮辞职的事情被爸爸知道了，爸爸对着他劈头盖脸就是一顿骂，铮铮云淡风轻地对爸爸笑笑，说：“我是从公立学校辞职了，但我还是在做教育啊！”原来，铮铮从小就觉得有很多像他一样“不着调”的孩子不是不愿意学习，只是不愿意在铁一样的框框中学习，他们更愿意学习自己擅长的，学累了的时候可以有丰富多彩的课外生活。他从小就想，等以后自己长大了，要做适合这些“不着调”的孩子的教育，让他们学习得更轻松，生活得更快乐。所以，铮铮辞职以后，加入了一家教育机构，因为对方的教育理念与铮铮不谋而合，所以铮铮工作得也很快乐。短短的一年时间，铮铮付出真心对待所有孩子，最终得到了一个校区校长的职位。铮铮说，在他那里学习的孩子，或多或少都有些“不着调”，但他就是要他们这样，因为，擅长做自己的孩子，都很聪明，很有个性，他们对事物的看法也都有独到之处，他们喜欢新事物，易于创新，人才往往出自他们之中。

很多典型的乖孩子不敢有任何违背家人的想法，更不用说行动，他们最擅长的是伪装，最不擅长的是做自己。

我是在认识了铮铮，并且了解了铮铮的事情之后才发现，原来，“不着调”的人，也挺可爱。有的时候跟铮铮在一起聊天，总觉得他有着丰富多彩的生活，灵活的头脑，我总是开玩笑地说，以后如果结婚生子，孩子一定要培养成像铮铮一样的人，不用做别人，做自己就很好。

爱在点滴生活中，而不在朋友圈

随着科技的发展，形形色色的社交软件开始充斥在我们的生活当中，发朋友圈成为人们展示自我，分享生活的一个十分重要的途径。但是，不知道从什么时候开始，朋友圈开始变味了，人们为了发朋友圈可以长时间地选图、修图，会为多得到几个赞而欣喜若狂，也会因为状态下面没有多少人评论而愁眉不展。其实，当我们把事情复杂化，企图让朋友圈粉饰我们原本简单的生活时，我们的初衷就已经改变了。

每当朋友圈里出现了不停刷屏的代购，喋喋不休的广告推广，我都会毫不犹豫地把他们拉黑。我希望我的朋友圈是纯净的，是供我了解身边朋友的生活和价值观的一个渠道，而非别人赚钱的通道。可是，后来我发现，我想拉黑的不只是代购和广告了，频繁地秀恩爱、秀自拍、秀孩子的人，也成为我朋友圈中的一大困扰。

网上曾经流传一个真实的笑话，有人在自己的朋友圈里上传了在海滩上练瑜伽晒太阳的美照，并且附文称：七月份的墨尔本阳光正好，澳洲的热浪如此热情。但是网友却揭露了真相：七月份的墨尔本正是天寒地冻的时候。穿着比基尼在沙滩上晒太阳的惬意场景一下子变得无比尴尬，口口声声说的对大自然的热爱，对生活的热爱，都变成了笑话。

还有一些人，总是喜欢在母亲节的时候在朋友圈里感恩母亲，或者是发一段矫情的话，或者是一束康乃馨的照片。但是平常却不肯多抽出些时间陪伴母亲，甚至有人都已经忘了自己早已把父母设置了朋友圈不可见。这样的“孝子”是不是让人感到有些悲哀？但这绝不是少数。

与其在朋友圈里当一个合格的演员，不如脚踏实地，过好每一天。

七七是个特别喜欢秀恩爱的女孩，自从谈了恋爱，她就开始在朋友圈里宣示自己对那个男人的主权。后来又频繁地上传两个人日常的恩爱照片，有时候是一起吃一顿早饭，有时候是共同喜欢的一只猫，或者只是互相勾着的两根手指，总之，一切可以证明他们恩爱的小事情、小物件，没有一样不被七七上传。

情人节的时候，七七开启了全天候的记录，从早上起床开始，在窗口透进来的光线中，两人脸贴着脸的笑容宣示今天将是特别甜蜜的一天，接下来几乎是每隔两三个小时发一条朋友圈。花是玫瑰，很娇美，抱着玫瑰的七七笑得十分灿烂；巧克力是心形，既甜蜜了心情，也甜蜜了眼睛；当然更少不了美食，九宫格里精致的杯盘碗盏、各色的菜肴……朋友们一开始都纷纷点赞，有祝情人节快乐的，还有表示羡慕忌妒恨的，但是到了晚上，大家已经完全没有了配合的兴致。

情人节过去没几天，七七失恋了。她在朋友圈里写道：不需要借口，爱淡了就分手。朋友们都大跌眼镜，前两天还如胶似漆，怎么爱说淡了就淡了呢！七七跟朋友坦言，其实他们的感情早就出现了问题，但是她不能接受那种明明有男友却不晒幸福的生活。即便两个人经常因为一些鸡毛蒜皮的小事吵得不可开交，和好以后也要发朋友圈，让人知道她有男友宠爱；即便她做的菜男友吃了一口就拒绝再吃，也一定要拍一张男友大快朵颐的样子发朋友圈，让人知道男友对自己的厨艺赞赏有加；即便是觉得两人已经走到了尽头，都不愿意再迁就对方，但只要一天没说分手，已经到来的情人节也非过不可，而且不能悄悄地过，要大张旗鼓，有多浪漫整多浪漫，要让所有人知道，他们的爱情生活是有仪式感的。

朋友皱起了眉头，问："你不累吗?""累，但是停不下来，看到别人秀恩爱，我就难受，我就一定要比他们更恩爱。"话虽如此，但是一切都是假象，七七的恋爱故事并没有因为在朋友圈里的歌舞升平而改变什么，该散的终归还是散了。七七的朋友圈只能说明：缺什么，所以晒什么。

跟七七恰好相反的是岳珊，她就是属于对朋友圈无感的人，十天半月不见更新一条，大多数朋友圈的内容也跟恋爱无关，她更多的是分享自己在生活中的一些感悟。有时候是看到路边开得蓬勃的爬山虎，拍个照片留下那一片绿色；有的时候是遇到一家美味的小吃店，贴心地跟朋友圈里的小伙伴们分享；偶尔也会晒晒恋爱生活，但是少之又少。所以，刚认识岳珊的人如果不仔细翻看她的朋友圈，很难看出她有男友。

岳珊跟男友相处的点点滴滴只有身边少数的几个朋友知道，他们在一起已经四年了，虽然中间也经历过分分合合，但是从来不会大张旗鼓地向世界宣告。虽然看起来平淡，但是他们很懂对方，也很珍惜彼此，所以他们从不靠晒照片来证明相爱，也不需要别人对他们的关系评头论足。

岳珊跟男友喜欢出门旅行，也喜欢宅在家做饭，无论走出去多远，或者生活的圈子多么狭窄，他们从没改变过对对方的理解与包容。

两人一起去鼓浪屿的时候，他们穿越那里的每一条大街小巷，留下了脚印，留下了笑声，也留下了快乐的回忆。

他们一起去菜市场买菜的时候总是牵着手。采购结束以后，男友提着一篮子装得满满当当的水果蔬菜，她则牵着男友的衣角，两个人一左一右，慢慢悠悠，边走边分享着一天工作的收获和感悟。回到家以后，他们一个负责煮粥，一个负责做菜，简简单单的饭桌旁是无限温情。

有时候，岳珊和男友也会争吵，但是无论多么生气，他们都绝不说狠话，也不允许对方带着情绪过夜，有的时候是岳珊妥协，有的时候是男友认错，但是无论哪种情况，对方都一定会马上给台阶下。第二天两人照常一起做早餐，或者窝在沙发里紧挨在一起看《奇葩说》，嘻嘻哈哈，仿佛什么都没有发生一样。

在彼此的怀抱里，他们慢慢地成长，也更加懂得珍惜这份爱情。在点点滴滴的互相关怀中，他们体会到爱情的美好。他们没有向外界宣示非她不娶或非他不嫁，但是他们在心里早已下了那样的决心。

岳珊和男友结婚的时候，两人在婚礼上又哭又笑，大屏幕上播放着岳珊与男友相处的点点滴滴，参加婚礼的朋友都被他们平淡美好的爱情打动，纷纷拍照片、录视频发朋友圈。结婚后的第二天早上，岳珊拍了一张和丈夫的合照发到朋友圈，只配了几个字：有夫之妇。

很多美好的东西，其存在的意义在于珍惜和守护，而不在于炫耀。当晒朋友圈变成了对生活的过度粉饰，就失去了分享这件事原本的味道，从而变得矫揉造作了。

▼

合群，并没有让你看起来更快乐

常常有这种感受，当参加完一场狂欢，结束的时候，众人离场，刚刚落幕的歌舞升平似乎已经遥远得没有了回音，内心一阵落寞，刚刚还开怀大笑的人们，此时看上去却是那么平静。

我想，大多数人都会有这种感受，除了狂欢结束后，原本放下的负担与压力又要重新拾起来之外，还有很大一部分原因是，我们本就不喜欢狂欢，之所以参加是让别人看到自己很合群，其实内心并不快乐。

上初中的时候，我有一个特别要好的朋友，她家里条件不是很好，爸爸是走街串巷卖糖葫芦的，妈妈则负责他们姐弟三个的生活起居。每一次上体育课的时候，我们都会偷偷地溜出队伍，她骑着一辆半旧的自行车，我就坐在后座，她载着我去她家。她的爸爸一边熬着糖浆，一边挑选山楂，蘸满了糖浆的山楂更加晶莹剔透，然后她把晾好的山楂递到我手上。一直到现在，那种酸酸甜甜的味道都让我难以忘怀。

我一直以为，我们的友情会天荒地老，直到前段时间，我们都感觉迁就对方很累，而选择暂时不联系。

从上学的时候开始，我就是个很安静的人，她正好相反，虽然性格迥异，但是我们玩得特别好，都被对方身上的特质吸引。也许是因为学生时代的生活内容太单调，所以我们才能互相欣赏着，互相喜欢着。高中毕业后，我上了大学，她参加了工作。

我不清楚当时她打工的那个制衣厂是什么样子，也不知道后来她去的保险公司具体是干什么的，但是我们一直保持着联系。

大学毕业后，我回到了家乡所在的城市，我们的距离更近了。周末的时候，我们还可以欣喜地聚会、游玩。尽管我们都发现各自的圈子、话题都不一样了，但是上学时候的那些回忆，足够让我们开心地畅聊。

这样的聚会有很多次，直到后来，她总是带我认识她各种各样的朋友，他们都那么滔滔不绝，我在饭桌上微笑地看着他们，假装自己能听得懂他们的对话。饭局结束，我的心情终于轻松了一些，一行人却又熙熙攘攘地来到KTV，那个晚上，我觉得自己就像身在刑房。

因为我们是朋友，是从小到大的朋友，所以我从来没有拒绝过她的邀请，哪怕是她后来又邀请我去KTV和酒吧。面对着眼前那一杯杯花花绿绿的鸡尾酒和耳边震耳欲聋的重金属音乐，我只能忍耐。但是没关系，因为我们是朋友啊，我不能那么扫兴！所以我一直坚持到了最后。

后来，朋友还约了我很多次，我没有一次说“不”，我不能做不合群的那一个。可是就在前段时间，她给我发微信，还是原来的语气，“出来玩啊”，我居然回了“不去”。当时的心情无比忐忑，不知道这样直接的拒绝会不会让我们的关系陷入僵局，我们多年的感情会不会因为这两个字而宣告结束，一分钟后就收到了她的回复，但是那一分钟却无比漫长。令我意外的是，手机屏幕上是“也好”，后面跟着一个看不出情绪的句号。

过了一会儿，她发过来一串文字：我知道一直以来你都没有拒绝过我的邀请，但是你跟我的朋友们在一起并不开心。我们都各有顾虑，也许是多年不相处，我们的内心都复杂了很多，也许是太担心失去这段友情，所以我不敢不热情，你不敢不接受。这对我们都是一种伤害，不如坦率一点儿，你还是爱你的清静，我还是爱我的热闹，当然，我们的感情不变。

我喜极而泣。

人生哪有那么多的接受呢？如果不愿意，为什么一定要显得合群呢？朋友间最好的关系应该是让彼此感觉舒服，勉强自己融入任何人的圈子里都是不明智的做法，那样只会让人身心俱疲，不会有丝毫快乐。

我了解到，在生活中，还有很多人跟我一样，因为各种各样的原因努力地合群，想要在别人的圈子里找到存在感，想要被人认同，想要让自己看上去更快乐，可是，内心的空虚却无所遁形。

中国古典四大名著之一的《红楼梦》中，就有一个极其不合群，但是极其快乐的人，那就是贾宝玉。

当所有的世家子弟都在努力地读书，想要通过入仕而飞黄腾达的时候，只有贾宝玉沉迷在脂粉堆中。当所有人都认为“女子无才便是德”，甚至连聪慧过人的薛宝钗都劝说香菱一个女孩子家没必要学什么作诗的时候，贾宝玉硬是喜欢上了学富五车、出口成章的林妹妹。更不用说，他放着四书五经不研究，却醉心“禁书”《西厢记》了。

但是，贾宝玉的不合群并非孤僻，也完全没有不快乐，只是因为价值观不同，所以无法也不愿意勉强自己而已。

还有一个天王级的人物——梁朝伟，也是不合群的典型代表。众所周知，刘嘉玲是出了名的喜欢开 party，喜欢打麻将，所有热闹的场合都少不了刘嘉玲的身影，甚至会把朋友邀请到自己家里来狂欢，当年的张国荣、王菲都是常客。梁朝伟非常礼貌地对他们表示欢迎，但是对他们的活动却从不参与，而是一个人在角落里默默地喝茶看书。

梁朝伟在剧组里拍戏，一天的辛苦工作后，剧组有时候会组织活动一起放松一下，梁朝伟也都会礼貌地拒绝，然后回到住处一个人待着。工作的时候，他总是全身心地投入，跟剧组的其他人配合得也很好，但是其他的集体活动他从来不参与。

梁朝伟并没有因此而得罪任何人，而且也保证了自己的生活方式没有被别人打乱。时间久了，圈子里的人都知道，他不爱凑热闹，那是一种令人尊重的生活方式，而非无趣。

刚刚步入社会的年轻人，往往会被很多人告诫：社会无比险恶，一定要跟身边的领导、同事、朋友处好关系，合群一点儿，慢慢磨掉自己的棱角，日子就会好过了。当然，很多人也是这么照做的，慢慢学会迎合、讨好，甚至变成言不由衷的人，日子看上去过得更加顺风顺水，内心却很不快乐，这是一种对自我灵魂的鞭笞，是不懂自己内心需求的一种表现。

不合群，并不能证明你是怪物，合群，也没有让你看起来更快乐。所以，不如遵从内心，做个快乐的人！

▼

你不是不容易相处，你只是太优秀

英国的著名教育家赫胥黎有句名言说：“越伟大越有独创精神的人越喜欢孤独。”我对这句话特别赞同。很多优秀的人在还没有显露出他的天赋与才能的时候，往往跟普通人不太一样，他们可能不大容易融入普通人的圈子里，好像永远有自己的宇宙，但是真正散发光芒的时候就会发现，这样的人有着独特的魅力，他们的优秀一直被不容易相处的表象掩盖。

我读高中的时候，班上有一个男生，几乎三年的时间都没怎么跟我们班的女生说过话，跟男生的交流也是寥寥数语。

这个男生被我们公认为不好相处，女生们在宿舍里开茶话会的时候，总是称他为“闷葫芦”，问他几句话他也不一定回复一句，我们那个时候甚至担心他以后能不能找到女朋友。

男生的成绩在班里总是保持在前三名，他各科成绩都不错，最喜欢的是英语，每天早读都高声背诵英语单词、课文，听说晚上在宿舍里也背个不停。

班上的男同学说，他将来想要当英语老师。我们听了都哈哈大笑，连跟人说句话都不好意思、扭扭捏捏的，以后就算考上大学了，又怎么能当老师呢？

高考他考进了北京师范大学，读的外语系，男生的成绩还是一如既往的优异，毕业之后继续读研，研究生毕业直接考到了北京的一所重点高中，成了一名英语老师。听说了男生的优秀表现后，大家赞叹不已，但是大家心里一直有个疑问，看上去性格那么孤僻的人，真的可以当老师吗？要知道，老师是需要有很强的沟通和表达能力的啊！听跟他走得比较近的同学说，上了大学之后，他依然话不多，但是读研之后，他开始疯狂地练习讲课，只要没有课，他就一个人躲在空荡荡的教室里，拿着一面镜子，开着录音机，对着空气开讲。

男生一边讲一边看着镜子里自己的表情变化，再回到宿舍看网上的优秀授课视频，学习别人的授课风格，录音机里录下来的声音他会反反复复地听，听自己的语言有没有停顿不合理的地方，句子的衔接是否自然，或者是有没有口头禅之类的……没想到，经过几百上千次的练习之后，男生直接拿到了学校举办的演讲比赛第一名。他在发表获奖感言的时候也是声情并茂，赢得了台下同学们一阵阵的掌声。

听说，男生现在是学校里的名师，不仅因为课上得好，还因为他灵活多变的授课风格受到了很多学生的追捧，成了这些学生心中的男神。不得不感叹，这样优秀的人才，当初的孤僻只是另一种形式的韬光养晦而已。

中国外交部长王毅，一个已经六十多岁的老人，以其在外交场合的沉稳大气和不怒自威的气质受到国人的尊重和爱戴，甚至晋升为新一代不老男神。但是，你知道吗？年轻时候的王毅也是一个不容易相处的不合群的人。

二十世纪六十年代的时候，王毅到黑龙江生产建设兵团当知青，但是他跟当时的很多知青都不一样，人们在谈天说地的时候，他一个人躲在角落里看书；劳作了一天，晚上大家都聚在一起打牌解乏的时候，他在背英语。他总是早起晚睡的那一个，利用一切可利用的时间来学习。

同住的知青排挤他，觉得他性情古怪，难以相处，甚至连当时的领导都找他谈话，让他一定要融入集体，不能做什么事都独来独往，但王毅依然坚持自我。后来，国家恢复了高考制度，王毅考入了北京第二外国语大学读书。

后来，他一路披荆斩棘，以其出色的英语水平和极强的个人能力，进入了外交部，在中国外交史上留下浓墨重彩的一笔。

没有任何一个优秀的人是通过努力融入别人的圈子而成长的，他们的成功也许有天赋的原因，但是他们对自己梦想的狂热追求，又让他们的成功有着必然性。

苹果公司的创立者乔布斯也是一个特立独行的人，他做事有着自己的风格，不会随着外界环境的改变而随意改变自己。很多人都知道，乔布斯的脾气不好，有一次出差，同行的伙伴帮他订了一家十分简洁安静的五星级酒店，但是乔布斯还是当面表达出了自己的不满。后来，有人问乔布斯，为什么一定要当面说出自己的不满，让别人心里不舒服，乔布斯说，他不是为了让人不舒服才说那些话，而是为了让别人变得更好。

乔布斯在美国的一个中产阶级家庭中长大，在养父母的教育下，乔布斯的性格一直比较我行我素。在上学的时候，乔布斯学习成绩不错，但是在学校里是调皮捣蛋的那类学生，乔布斯的中学教师曾经评价他说，乔布斯很孤僻，他看待事物的角度很特别。也许就是这样的特别，让他在以后刷新了人们对手机的定义。

十七岁的时候，乔布斯去了一所学费高昂的学校读书，但是上了半年多的时间，他发现，这个地方不适合自己，他在这里也得不到自己想要的知识，所以他在花了父母的不少资金后，毅然决然地退学了。而且他后来回忆起这段经历时总是说，他一点儿也不后悔自己当初的决定。

后来，乔布斯的一意孤行和坚定的信念一直渗透到他的工作当中。他会躺在地上跟比尔盖茨打电话，也会大发雷霆把人骂得狗血喷头，而且，在创业的时候，无论遇到什么样的困难，乔布斯始终保持着专注力的高度集中和对行业的极度敏感。

无论乔布斯在苹果公司期间，还是后来经历变故，再次回到苹果公司之后，他始终坚持着一个别人不懂的习惯——禅修。很多时候，人们都可以看到他一个人在地板上打坐，那样的空间，那样的人，仿佛代表着乔布斯的永恒。

乔布斯在很多场演讲中都曾经表达过，无论面对什么，不要被外界的想法左右，要时常跟随自己的内心，哪怕是不被人理解或接受，也要坚持下去。

有的时候，我们总是害怕得不到大家的认可，总是担心自己不够平易近人，于是，把自己放在熙熙攘攘的人群中随波逐流，盲目地追逐别人的目标，踩着别人的脚印，去往别人向往的方向，最终失去自己的本心，逐渐忽略掉原本的梦想和内心深处的需求。与其这样，倒不如放下对别人眼光的在意，忽略别人的评价，相信自己，所有的不为人接受都只是暂时的，你之所以看上去不容易相处，只是因为你太优秀。

▼
没有主见的人，只能为别人鼓掌

如果一个人从来都没有养成独立思考的习惯，那这个人会慢慢变成一个没有主见的人，问什么他都会回答“可以”“差不多”，看上去随和好相处，其实大脑空空如也。跟这样的人在一起，周围的人不会有任何收获，也难以与之产生思想上的共鸣，久而久之，关系只会变得越来越寡淡，这个人也只能成为附和别人的行尸走肉。当我们总是为别人鼓掌，那自己的价值又体现在哪里呢？

在生活中，我们能看到很多没有主见的人，他们不仅不能为自己的生活做主，就连最基本的小事都能纠结不已。比如，刚刚喜欢上一个新出道的明星，正在兴奋地搓着小手准备买他的海报的时候，朋友来了一句：“他有什么值得喜欢的？脸也就那样，又没有特别好的代表作品……”你的心里马上响起了一个声音：是哦，好像朋友说得有道理呢！算了，以后不喜欢他了。

看到网红推荐的一款超美超仙的连衣裙，买回来试穿，简直就像是为你量身定做的，你喜笑颜开，正准备出门显摆一圈儿的时候，室友说：“哎呀，这种花色早就过时了，你眼光怎么回事啊？”再看镜子里的自己，好像确实显得很老气，算了，脱掉它，退货吧！

就连跟别人一起吃饭都是种煎熬。朋友问想吃什么，你想了半天只说出来一句“随便”，等菜上来的时候才发现都是自己无福消受的川味，可点都点了又能怎么办，只能忍着吃两口。

谈恋爱就更不用说，觉得对方什么地方都好，连青春痘都散发着迷人的魅力，但是别人一提醒，马上又开始怀疑：他是不是真的对我这么好啊？要不要参考一下闺密的意见啊？是不是该先考验几个月再有进一步的发展啊？……

看《奇葩说》的时候，一开始总是想要跟着台上的嘉宾站队，但是当对方辩手滔滔不绝说起自己的观点的时候，你马上倒戈，觉得对方说得对，等这方辩手再回击的时候，你又想：对啊，这样想才对！摇摇摆摆，举棋不定，永远不知道自己要站在谁那一边。最后只能感叹：这些人都好厉害，鼓掌鼓掌！

一个毫无主见的人，最终只能为别人鼓掌。

小晴最近遇到了一件烦心事，她在纠结要不要搬家，而类似这种的烦心事几乎隔几天就会冒出来一件。小晴前前后后跟朋友商量了好多次，也一直没有决定下来到底要不要搬。

朋友问："你原来住的地方不是挺好的吗，怎么突然想起来要搬家呢？"原来是小晴最近认识了一个新朋友，那个人是一个房产中介，听说小晴的工作单位在哪里之后，就给她推荐了附近的房子，说那房子又干净整洁距离上班的地方又近。小晴一听就心动了，想着离公司近点儿也不错，于是屁颠屁颠地跟着房产中介去看房子。看完后发现房子确实不错，小晴便下定决心要搬家。

回到原来的住处以后，小晴一看，自己的东西实在太多了，搬家可是个大工程。并且现在住的房子挺便宜的，房东脾气也挺好，小晴跟他们相处得不错，这时候走的话押金估计是要不回来的……

为了要不要搬家的事，小晴连着几个晚上都睡不着觉，纠结来纠结去，每天早上都顶着个黑眼圈。朋友看不过去，劝她干脆别搬家，她说自己都跟中介说好了，怎么好拒绝别人呢？朋友说那就搬，小晴又皱起眉头，好像又有点儿舍不得原来的房子呢！朋友一脸黑线，只好说："算了，你自己决定吧！"小晴继续唉声叹气。

一个没有主见的人，生活中的点滴小事可能都会成为困扰，而且，没有主见往往会引申出更多的性格问题，比如优柔寡断、自卑多疑，总之，生活常常会陷入迷茫和矛盾之中。

无论一个人是在生活中，还是在职场上，有主见，才能站得住脚，才能得到他人的尊重和敬仰，否则将一事无成。

▼
他很丑，但他真的很温柔

生活中的爱情，大多都不是郎才女貌，也很难做到举案齐眉，但是，那些没有称之为佳话的爱情，也有其独特的甜蜜之处，外人难解其中滋味。

他们认识已经很多年了，初中就是同学，但是很奇怪的是，她从没有注意到他，一是因为女孩是好学生，精力和注意力都在书本上，二是因为男孩长得丑，不仅她不会注意到，所有的女孩都不会注意到。

大学毕业之后，女孩在烟台工作。一次休假的时候，她乘坐大巴车回老家，快到站的时候，车上人已经不多了，这时，一个男孩坐到了跟她隔了一个过道的座位上，问道："你放假回家啊？"她抬眼一看，半天没认出对方是谁，"是我，咱俩初中同学，你忘了？我在二班。”她努力地回忆，终于想起了那个其貌不扬的男孩。“好久不见。”她落落大方地回答。

到站了，两人一起下车，男孩的爸爸来接站，女孩很自然地问好，然后道了声再见。

很多年之后女孩才知道，那天分开之后，男孩的爸爸问：“那个女孩是谁？”“我同学。”“有男朋友吗？”“不知道。”“你怎么不问问？”“问那个干吗？”“没有男朋友的话你就追啊，我看这孩子就挺好！”原来两人最终结缘还是爸爸的助攻。

经过那次同坐一辆车，女孩才知道，他们两个在同一座城市工作。男孩约女孩吃了几次饭，但都是以老同学的名义，女孩也没有多想。后来，男孩发现，这么多年不见，原来女孩的优秀他一直都不曾发现，他觉得自己心动了，可是他问自己，自己配得上她吗？

直接促成男孩表白的是一次意外。女孩在路口转弯的时候，被一辆闯红灯的车刮倒了，虽然没出现大的问题，但是女孩的脚因为重重一摔损伤了韧带，当时女孩只觉得有些疼，便一瘸一拐地走回了家。但是过了几天，脚肿得越来越厉害，鞋都穿不上了，也没法走路了。

女孩在烟台除了同事不认识别人，只好给男孩打了电话，男孩飞速赶来，一看女孩脚伤情况不好，赶紧把她送医院治疗。医生给女孩的脚打了绷带，并嘱咐她绝对不能行走。于是，那些日子，男孩一下班就来照顾她，给她做饭，打扫卫生，还不停地鼓励她安心养伤。

女孩能感觉得到男孩的细心和体贴，但还是只把他当朋友。伤好以后，女孩就不让男孩天天来了，但男孩还是经常过来看她。男孩觉得自己的心因为女孩的出现而安定下来了，他给女孩写了长长的表白信，但是，还是被女孩拒绝了。

两个月以后，女孩辞掉了工作，回了老家，没有告诉男孩。男孩只能暗自伤心。女孩在老家重新找了工作，但是，现实没有她想象的那么美好，便经常在朋友圈里吐槽，男孩每次都在下面评论：随时等你回来。

过了整整两年，女孩又发了一条朋友圈：打算回烟台。男孩马上给女孩打来了电话，问她什么时候来，坐哪班车。女孩再次踏上烟台的土地，男孩就在车站外笑脸相迎。功夫不负有心人，男孩终于追到了心上人。

两人的结婚典礼上，男孩激动得话都说不连贯，准备了很久的誓言也在开口的时候变成了省略号。婚礼中有一个环节是向各自的父母敬茶，男孩跪在岳父面前，端起茶杯，“咕嘟咕嘟”喝了下去，婚礼现场的人都笑成了一团，新娘子也笑出了眼泪。

男孩和女孩已经结婚三年了，有了一个可爱的男宝宝。有时候两个人聊天还会回忆以前的事，女孩说：“你是不是知道我会回来？”男孩说：“我确实不知道你会不会回来，但是我知道，只要你回来，我就一定要娶到你。所以，你告诉我你坐哪班车的时候，我就去看房子了，我要和你建立一个家。”

婚后的生活既平淡又琐碎，男孩不再是没结婚时的那个小伙子，而是一个顶天立地的男人。每天晚上，男孩都雷打不动地给女孩端洗脚水，经常为她剪脚指甲，陪她逛街，给她买衣服、化妆品更是家常便饭。女孩说，每次看到男孩准备好的早餐，她都觉得自己无比幸福。

今年的圣诞节早晨，女孩刚一起床，就看到床边站了一棵小圣诞树，树上挂满了礼盒、雪花、圣诞帽。她随手拿下一个礼盒，里面装的是一串手链，手链上有一颗珠子，珠子里面刻的是女孩的名字，她又拿下一个圣诞帽，里面装的是一封信，她打开信纸，上面写的是：有你在，每一个清晨和夜晚都是节日。

女孩和男孩最初走在一起时，也有朋友说："他那模样，怎么配得上你呢？"但是"如人饮水冷暖自知"，最幸福的是，我盛装迎你的时候，你已在门口，我想要的温柔你恰好都有。

▼

努力笑，笑到眼睛闪泪光

漫长的人生，总有人来了，有人走了，总有人带给你快乐，也带给你痛苦，总有横冲直撞的人打乱你平静的生活，总有来不及躲闪的意外给你带来折磨。但是，生活本就是一个不断接受磨砺的过程，如果真的觉得痛了，就努力地笑一笑吧，含着泪光还能笑出来的人往往是最美的。

还记得十年前那个夏天的一个闷热的下午，教室里弥漫着青春的气息，上自习的少男少女奋笔疾书，为梦想努力着。下课铃声响起，校园广播站传出SHE的《候鸟》，那是一个青春的回忆。当时在SHE这个组合中，我最喜欢Selina，因为她长得最甜美，笑起来温柔又明媚。那个时候的喜欢就是如此简单。可是那时候，谁都不会想到，多年后，那个笑容甜美的女孩，会有一场凤凰涅槃般的痛苦经历，在浴火重生重新绽放光芒，我对她的喜欢也因此由最初的颜值，开始蔓延到她对生活的态度。

当时，Selina 和未婚夫刚刚订婚一个月，就遭遇了片场爆破事故而被重度烧伤，尽管当时已经紧急送医院抢救，但是 Selina 还是经历了四十多天的半昏迷状态才脱离了生命危险。命保住了，但是接下来等待她的是一次又一次的清创和植皮手术，那种痛苦是常人难以接受和想象的。

幸运的是，Selina 的身边一直有家人和未婚夫的陪伴，尤其是未婚夫的不离不弃，让 Selina 无比感动，也感动了无数网友，人们纷纷称赞，这样的男人才值得托付一生。果然，未婚夫履行了诺言，在 Selina 康复之后，为她披上了婚纱，满身伤疤的 Selina 在婚礼上还是那么美。

但是这一切的美好都没有维持多长时间。结婚五年后，Selina 公开声明与老公已经离婚，尽管离婚声明中说，两个人的感情胜似亲人，离婚对他们来说是最好的选择，但是想起当初 Selina 谈到老公时的幸福的表情，还是令人不禁心疼。

经历了残酷的烧伤，身上的伤疤还触目惊心的时候，又遭遇了爱情的失败，对于一直顺风顺水的骄傲公主 Selina 来说，一切似乎都令人绝望，但是这个看似柔弱的女孩，硬是咬牙挺过了。她开始出现在马拉松比赛的队伍中，开始参加电视节目，勇敢地袒露自己的成长历程，开始关注和她一样遭受烧伤痛苦的人群……这次一开始出现在大众视野当中时，Selina 总是将自己包裹得很严实，她的爱美之心不允许她将不那么光鲜亮丽的一面展现在人们的眼前，而后来，她可以风轻云淡地向人们展示伤疤，用自己的痛苦经历来激励更多在痛苦中挣扎的人们。原本令 Selina 无法直视的伤疤，最终都成为她口中的“新文身”。

Selina 也参加了一些美食节目和相亲节目的录制，她在采访中的表现依然像曾经那个活泼美丽的十八岁少女，她的心似乎永远都那么纯净美好。虽然内心多了一些成熟和理性，但是 Selina 坦承，她依然相信爱情的存在。

每每在电视节目上看到 Selina，我依然会被她的笑容所感染，仿佛那是一个从未受到过伤害的鲜活生命，仿佛这个世界对她是一如既往地爱护。

无论身处怎样的逆境，无论多么不完美的人生，当一个人纵情地笑起来的时候，是足以温暖世界的。

在一次朋友组织的出游中，我们一行人来到了一座小山上。在山中的一座凉亭休息的时候，我们被不远处的一群人的笑声吸引，他们一边走着一边谈天说地，但是他们跟我们不同的是，手上都拽着一根细绳，眼神似乎也和常人不同。

怀着好奇心，我们一直关注着他们，直到他们走近了，我们才发现，原来是一群盲人朋友。领队的是一个正常人，大概三十四五岁的样子，他一边走，一边介绍着山中的一草一木。他们也来到凉亭中坐下来，出于好奇，也是尊重，我主动地跟他们问好，他们也亲切地与我攀谈起来。

原来，领队的人是一位盲人运动志愿者，而组织开办盲人运动营，每周都组织志愿者带着盲人朋友出门接触大自然的竟然也是一位盲人。在交谈中，我们得知组织者名叫大军，是四川人，在他十几岁的时候，患了一场严重的眼病，由于当时家里的经济条件比较困难，父母没钱为他治病，只好任由这个正对世界充满着无限好奇的少年渐渐失明。

很多人都觉得大军会恨他的父母，但是大军说他从来没有，命运给的好的东西、坏的东西他都接受，命运给你什么你不能选择，但是对待命运的态度却是可以自己决定的。大军后来通过学习盲文，认识了更多的字，他自立自强的故事也被当地政府机构知道，对他进行了一些经济方面的帮助。但是大军更想自食其力，他学习了按摩技术，自己开了一家按摩店，随着生意越做越好，大军终于可以开始做自己一直以来想做的事情。

大军说，很多盲人朋友因为自身的身体条件限制或者因为自信心不足，总是把自己封闭起来，不愿意与人接触，更不用说接近大自然，或者锻炼身体，这样时间一长，身体就变弱，心理也更加敏感。他想通过自己的努力，照亮盲人朋友的内心世界，改变他们的生活方式。

成立了运动营之后，大军平日里为客人按摩，有时间的时候就到处发传单，或者到残疾人疗养院之类的地方，呼吁盲人朋友参与到运动营的活动中来。一开始他是拜托自己的亲戚朋友当导游兼保姆，照顾一同出行的盲人朋友的行动起居，后来这个活动被更多的人知道，陆续有志愿者加入队伍。据说，大军的志愿者队伍已经达到了两百多人，他们的盲人运动营已经成为当地十分出名的运动组织，帮助了不少盲人朋友重新走向大自然，重新认识生活，树立了生活的信心。面对这些，大军笑了，盲人朋友也笑了。